FISCHER LOGO
Für den Spielraum im Kopf
Ein Kaleidoskop logischer Unterhaltung,
rätselhafter Spiele
und verständlich verfaßter Wissenschaft

Über dieses Buch Zwölf Experimente mit Kreiseln und Drehbewegungen: Ein kurzweiliges Freizeitvergnügen für alle, die gern an physikalischem Spielzeug herumtüfteln und die Neugier auf die Geheimnisse des Alltags nicht verloren haben. Warum kippt ein Spielzeugkreisel nicht um, solange er sich dreht? Woher kommt der Nervenkitzel in Achterbahnen? Und was hat Tanz mit Physik zu tun? Die Antwort erfährt man beim Experiment – oder in diesem Buch.

Über den Autor Jearl Walker, Jahrgang 1945, ist einer der ungewöhnlichsten Physikprofessoren der Vereinigten Staaten. Der Kolumnist der amerikanischen Zeitschrift ›Scientific American‹ und deren deutschsprachiger Ausgabe ›Spektrum der Wissenschaft‹ hatte zu Beginn seiner Lehrtätigkeit recht große Schwierigkeiten, vor einem großen Auditorium zu sprechen. Bald erkannte er jedoch, daß Lehrer und Professoren in der modernen Gesellschaft die Rolle des David gegen Goliath (das Fernsehen) spielen müssen. Also begann er, die Unterhaltungstechniken des Fernsehens mit derselben Intensität zu studieren wie die Frage nach dem Blau des Himmels. Wenn es darum geht, seine Studenten in die Welt der Physik einzuführen, ist ihm jedes Mittel recht: Er klebt sich Löffel ins Gesicht, überprüft mit einem Faustschlag die Zähigkeit von selbstgerührtem Pudding, wirft sich zu Boden, legt sich auf ein Nagelbrett und taucht sogar seine Hände in flüssiges Blei.

Walker wuchs in Texas auf. In der High School wollte er entweder Theologe oder Existenzphilosoph werden. Seine akademischen Schwierigkeiten begannen, als er an das Technologieinstitut von Massachussetts (MIT) kam und herausfand, daß er dort Philosophie nicht studieren konnte. Da er in Physik halbwegs über die Runden gekommen war, entschied er sich für dieses Fach. Nach dem Grundstudium am MIT wollte er an der Universität von Maryland Astronomie studieren, wurde jedoch irrtümlich für Physik eingeschrieben – und blieb dabei.

Jearl Walker
Ein Ball mit Drall
Unterhaltsame Experimente aus
›Spektrum der Wissenschaft‹

Herausgegeben von
Dirk Meenenga und
Katharina Neuser-von Oettingen

Fischer
Taschenbuch
Verlag

Originalausgabe
Veröffentlicht im Fischer Taschenbuch Verlag GmbH,
Frankfurt am Main, April 1990

Für die einzelnen Beiträge:
© Spektrum der Wissenschaft, Heidelberg 1979, 1980, 1981, 1982, 1983, 1984, 1988
Für die Zusammenstellung:
© Fischer Taschenbuch Verlag GmbH, Frankfurt am Main 1990
Umschlaggestaltung: Manfred Walch
Satz: Fotosatz Otto Gutfreund, Darmstadt
Druck und Bindung: Clausen & Bosse, Leck
Printed in Germany
ISBN 3-596-28717-0

Inhalt

Vorwort der Herausgeber

Kann man beim Squash etwas über Physik lernen? Was haben eine
Billardkugel und ein Bumerang gemeinsam? Wie schafften es die alten Germanen, als sie ihre Wackelsteine herstellten, Energie- und
Drehimpulserhaltungssatz trickreich anzuwenden? Natürlich werden
wir Ihnen an dieser Stelle noch keine Einzelheiten verraten – außer
der Tatsache, daß sich in diesem Buch alles dreht.

Und noch eines sollten Sie jetzt schon wissen: Dies ist kein trocke-
nes Physikbuch. Die physikalischen Gesetze, über die Jearl Walker
Ihnen berichten wird, spielen in unserem ganz alltäglichen Leben
eine viel größere Rolle, als wir meist gewahr werden. Auch wenn wir
in unserer Umgebung immer wieder auf Dinge stoßen, die wir uns
nicht erklären können – meist liegt die Erklärung (fast) auf der
Hand. Wir müssen nur lernen, die Dinge anzufassen, zu drehen und
zu wenden, auf den Kopf zu stellen und hineinzuschauen – kurz: unsere Umgebung mit der gleichen Neugier betrachten wie ein Experi-
mentalphysiker. Und wenn wir, genau wie jener, zuweilen innehal-
ten und uns einige Gedanken über die Hintergründe unserer Beobachtungen machen, werden wir wie von selbst Einlaß finden in die
faszinierende Welt der Physik.

Mit einfachen Versuchen und anschaulichen Erklärungen der physikalischen Hintergründe macht Jearl Walker in den Kapiteln dieses
Buches ein Teilgebiet der Physik, die Kreiselmechanik, »begreifbar«
– und zwar im doppelten Wortsinne. (Mathematische Gleichungen
kann man nicht anfassen, und deshalb tauchen sie in diesem Buch
auch nicht auf.) Der erste Teil dreht sich um den klassischen **Kreisel**
und um einige seiner Verwandten, nämlich links- und rechtsdre-
hende Wackelsteine sowie torkelnde Münzen und Flaschen. Dann
geht es in die Luft: Mit einem selbstgebauten **Bumerang** werden im
Flugversuch Trägheitsmoment und Aerodynamik erforscht, um das
Geheimnis seiner Rückkehr aufzuspüren. Und schließlich werden al-
lerlei kreiselnde und schwindelnde **Sportarten** unter die Lupe genommen: Ballett, Judo, Squash, Billard, Bowling und zuletzt die
Achterbahn auf der Kirmes.

›Ein Ball mit Drall‹ ist der erste Band einer Walker-Reihe, die der

Fischer Taschenbuch Verlag in Zusammenarbeit mit ›Spektrum der Wissenschaft‹ herausgibt. Die Bücher sind themenbezogen aus Einzelbeiträgen der Walker-Rubrik *Experiment des Monats* in der Zeitschrift ›Spektrum der Wissenschaft‹ zusammengestellt. Die Absicht dabei ist, Physik auf unterhaltsame Weise zu erschließen. Jedes Buch soll Spaß machen und auf spielerische Art Wissen über physikalische Vorgänge vermitteln, denen wir alltäglich begegnen. Die Reihe wendet sich an Schüler der Oberstufe, an Studenten der Naturwissenschaften im Grundstudium und an alle jene, welche mit Neugier die Geheimnisse des Alltags zu entschlüsseln suchen. Die beschriebenen einfachen Versuche sollen auch Lehrern eine Anregung geben, wie man mit ein wenig Phantasie physikalische Sachverhalte spannend und anschaulich darstellen kann.

Dirk Meenenga   Katharina Neuser-von Oettingen

Was Kreisel aufrecht hält:
Drehimpuls, Präzession und Reibung

Zwar spielten schon in der Antike Kinder mit Kreiseln, aber welchen Gesetzen ein Kreisel gehorcht, verstand man erst sehr viel später. Wie kommt es, daß ein unregelmäßig geformter starrer Körper, der an einen festen Punkt auf einer horizontalen Fläche aufliegt, rotieren kann? Und warum hat seine Gestalt einen so großen Einfluß auf die Kreiseleigenschaften? Erst während der letzten 150 Jahre wurden die physikalischen Gesetzmäßigkeiten entdeckt, denen die Bewegungen der Kreisel folgen. Ich möchte die Bewegungsmechanismen der Kreisel oder – wie die Physiker sagen – die Drehbewegungen starrer Körper beschreiben, und zwar ohne den Wust komplizierter mathematischer Formeln. Außerdem werde ich Ihnen ungewöhnliche Kreisel vorstellen, mit denen Donald W. Dubois von der Universität von Neumexiko experimentiert. Aber auch Schrauben und Kugelschreiberminen kann man tanzen lassen (Bild 1).

Warum fällt ein rotierender Spielzeugkreisel nicht um? Natürlich wird er – wie jeder Körper – von der Erde angezogen; die Gravitation wirkt auf jedes seiner Atome und hat entscheidenden Einfluß auf seine Bewegungen. Glücklicherweise kann man die Schwerkraft so beschreiben, als wäre die gesamte Masse des Kreisels in seinem Schwerpunkt vereinigt. (Bei kugelsymmetrischen, homogenen Körpern fällt dieser Punkt mit dem geometrischen Mittelpunkt zusammen.)

Am Schwerpunkt eines Körpers greift die Gewichtskraft an, die zum Erdmittelpunkt hin gerichtet ist und sich als ein senkrecht nach unten zeigender Vektor darstellen läßt. Diese Kraft müßte – so sollte man meinen – einen tanzenden Kreisel immer kippen lassen, wenn sich der Schwerpunkt des Kreisels nicht genau senkrecht über dem Auflagepunkt befindet. Anders als ein ruhender Körper fällt ein rotierender Kreisel selbst dann nicht um, wenn er stark gegen das Lot geneigt ist. Vielmehr beginnt er in einem solchen Falle eine zweite Drehbewegung – er präzediert um die Vertikale, das heißt, die Achse des geneigten Kreisels beschreibt einen Kreis. Dieses Verhalten läßt sich nur schwer anschaulich vorstellen, denn wir übertragen die Erfahrung, daß nichtrotierende Gegenstände in Richtung der an-

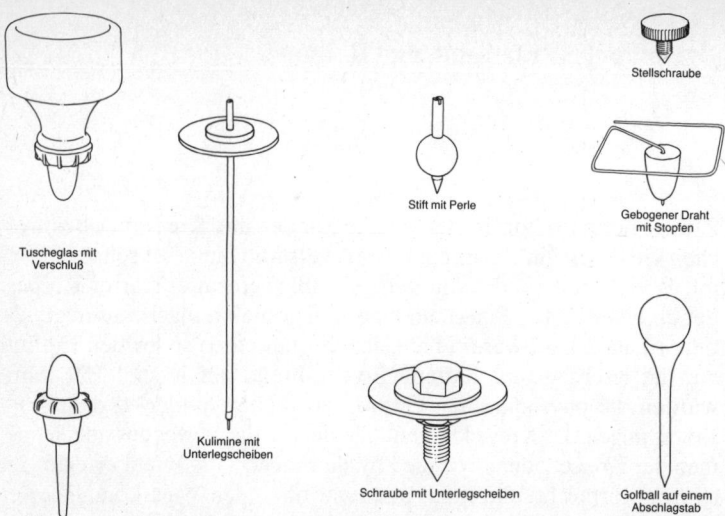

Bild 1: Symmetrische Kreisel – das sind starre Körper, die um eine Symmetrieachse rotieren können: Stellschrauben, Perlen und Tuschefässer oder Gebilde, die man aus Perlen, Knöpfen, Unterlegscheiben, Kugelschreiberminen, Flaschenkorken, Dichtungsringen und vielem anderen zusammensetzen kann. Die gezeigten Beispiele wurden von Donald W. Dubois vorgeschlagen.

greifenden Kraft beschleunigt werden, unbewußt auch auf Kreisel. Doch wirkt bei rotierenden Körpern eine Kraft senkrecht zur Bewegungsrichtung.

Kreisel besitzen neben dem Bahnimpuls, der gleich dem Produkt aus Masse und Bahngeschwindigkeit ist, auch einen Eigendrehimpuls, der gleich dem Produkt aus dem Trägheitsmoment und der Winkelgeschwindigkeit ist. (Das Trägheitsmoment ergibt sich aus der räumlichen Massenverteilung und ist ein Maß für den Widerstand, den ein Körper einer Änderung der Drehbewegung entgegensetzt.) Bei einem symmetrischen Kreisel, der um eine Symmetrieachse – die Figurenachse – rotiert, steht der Vektor der Winkelgeschwindigkeit parallel zur Symmetrieachse.

Der Drehimpuls eines Körpers kann seine Richtung oder seinen Betrag nur auf einem Wege ändern: Es muß ein äußeres Drehmoment wirken, das heißt, es muß eine Kraft an einem Hebelarm angreifen. Beim Kreisel wirkt der Abstand zwischen zwei Senkrechten, von denen die eine durch den Schwerpunkt und die andere durch den Drehpunkt geht, als Hebelarm (Bild 2). Das Drehmoment ist

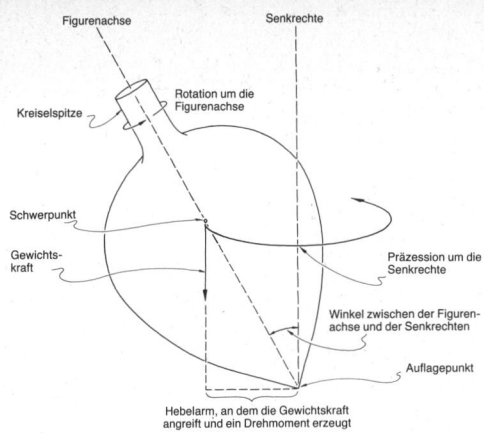

Bild 2: Die Schwerkraft ruft bei einem rotierenden Kreisel, der in einem festen Punkt aufliegt, ein Drehmoment hervor und zwingt ihn zu einer zweiten Drehbewegung, bei der die Figurenachse um die Senkrechte präzediert. Der Abstand zwischen den Senkrechten durch den Auflagepunkt und dem Schwerpunkt des Kreisels wirkt als Hebelarm, an dem die Gewichtskraft angreift, und das entstehende Drehmoment erzwingt eine Präzessionsbewegung im gleichen Drehsinn wie die Rotation.

gleich dem Produkt aus der Länge des Hebelarms und der senkrecht angreifenden Kraftkomponente – das ist in diesem Fall die Gewichtskraft.

Die Schwerkraft »zieht« also einerseits den rotierenden Kreisel nach unten, bewirkt aber zugleich ein Drehmoment, durch das sich die Winkelgeschwindigkeit ändert (Bild 3). Das hat zur Folge, daß der Vektor der Winkelgeschwindigkeit um die Vertikale »rotiert«. Und das wiederum heißt, daß auch die Drehachse eine Kreisbewegung vollführt – eine Präzession. (Im folgenden will ich davon ausgehen, daß der rotierende Kreisel nicht auf seiner Unterlage herumwandert. Die Drehachse beschreibt dann bei der Präzession einen Kegel.)

Wenn der Kreisel von oben gesehen im Uhrzeigersinn rotiert, durchläuft seine Figurenachse den Präzessionskegel ebenfalls im Uhrzeigersinn – und umgekehrt. Sobald die Reibung im Auflage-

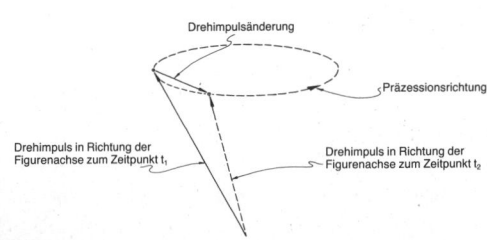

Bild 3: Der Drehimpuls eines Kreisels, der auf einer waagerechten Fläche in einem festen Punkt aufliegt, ändert wegen des Drehmoments, das die Gewichtskraft hervorruft, in jedem Moment der Bewegung seine Richtung. Der Betrag des Drehimpulses bleibt erhalten.

punkt die Drehzahl zu stark verringert hat, beginnt der Kreisel zu taumeln und die Schwerkraft läßt ihn schließlich umkippen, genau wie einen Kreisel, der überhaupt nicht rotiert.

Die meisten Kreisel neigen sich unter dem Einfluß der Schwerkraft zur Seite, wenn sie an einem festen Auflagepunkt frei zu rotieren beginnen, und bevor die eigentliche Präzession einsetzt, vergrößert sich dadurch der Winkel zwischen der Figurenachse und der Vertikalen. Während des Kippens sinkt der Schwerpunkt des Kreisels, so daß potentielle Energie in kinetische umgewandelt wird, die schließlich für die Präzessionsbewegung zur Verfügung steht. Nur in wenigen Fällen wird ein Teil der Energie, die der Kreisel beim »Starten« der Drehbewegung mitbekommt, in eine Präzessionsbewegung umgesetzt. In solchen Fällen kann er präzedieren, auch ohne zu kippen.

Präzession und Nutation

Das Verhalten eines symmetrischen Kreisels ist in Wirklichkeit wesentlich komplizierter, als ich es bisher beschrieben habe. Neben der Präzession beobachtet man nämlich zusätzlich eine periodische »Nickbewegung« der Figurenachse – die Nutation, die der Präzession überlagert ist (Bild 4). Bei der Nutation schwankt der Winkel, den die Figurenachse und die Vertikale einschließen, periodisch zwischen einem Maximum und einem Minimum. Die Extremwerte hängen vom Trägheitsmoment des Kreisels und von seiner kinetischen Energie ab und natürlich vom Winkel, den die Figurenachse und die Vertikale zu Beginn der Präzessionsbewegung bilden. Die Überlagerung von Präzession und Nutation läßt sich besonders gut anhand der Bahnkurve veranschaulichen, die ein Punkt der Figurenachse – etwa die obere Spitze des Kreisels – auf einer Kugelfläche um den raumfesten Auflagepunkt beschreibt.

Die Bahnen der Kreiselspitze verlaufen innerhalb eines Bereichs zwischen zwei horizontalen Kreisen, können ansonsten jedoch sehr verschiedene Formen haben. So kann die Kreiselspitze beispielsweise eine Sinuskurve zwischen den beiden Grenzkreisen beschreiben, wenn der Kreisel immer in derselben Richtung präzediert. Wenn die Präzessionsrichtung periodisch wechselt, jedoch eine Richtung vorherrscht, entsteht eine Kurve mit geschlossenen Schleifen. Der dritte Kurventyp ist eine Zykloide: Sie schmiegt sich nur an den unteren Grenzkreis an und stößt senkrecht auf den oberen. Der

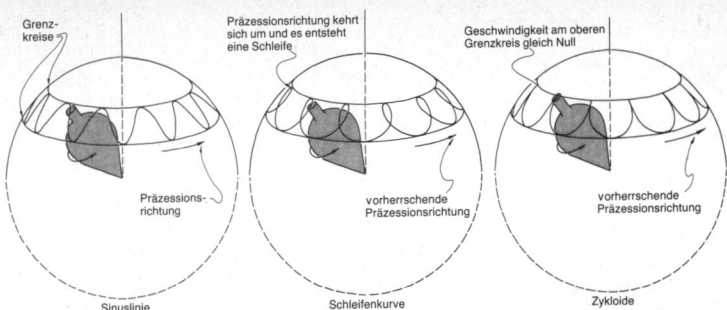

Bild 4: Als Nutation bezeichnet man die Nickbewegungen der Figurenachse, die der Präzessionsbewegung überlagert ist. Die Neigung der Figurenachse schwankt zwischen zwei Extremwerten, die sich durch Grenzkreise auf einer Kugel darstellen lassen. Der Radius der Kugel ist gleich dem Abstand zwischen dem Auflagepunkt und der Spitze des Kreisels. Die Kreiselspitze kann drei verschiedene Typen von Nutationskurven durchlaufen: Sinuslinien, Schleifenkurven oder Zykloiden. Eine Sinuslinie entsteht, wenn sich die Präzessionsrichtung nicht ändert und die Präzessionsgeschwindigkeit größer als Null ist. Schleifen in der Nutationskurve zeigen, daß sich die Präzessionsrichtung umgekehrt hat. Falls die Präzessionsgeschwindigkeit bis auf Null absinkt, ihre Richtung jedoch nicht umkehrt, entsteht eine Zykloide.

Kreisel präzediert in diesem Fall immer in derselben Richtung, aber die Präzessionsgeschwindigkeit schwankt periodisch – sie ist am unteren Grenzkreis am größten und verschwindet am oberen.

Ob eine Nutation auftritt und welche Kurve die Kreiselspitze (oder ein anderer Punkt auf der Figurenachse) durchläuft, hängt davon ab, unter welchen Bedingungen der Kreisel seine Drehbewegung begonnen hat. Da ein Kreisel beim Start vielen Störungen ausgesetzt ist, lassen sich die Anfangsbedingungen nie genau steuern. Angenommen, der Kreisel bekommt schon beim Start eine Geschwindigkeitskomponente in Richtung der durch die Schwerkraft bedingten Präzessionsgeschwindigkeit mit auf den Weg, dann wird die Kreiselspitze in einer Sinuslinie zwischen zwei Grenzkreisen hin und her schwingen, und zu jedem Zeitpunkt bleibt die Richtung der Präzessionsbewegung erhalten.

Schleifen entstehen, wenn der Kreisel beim Start eine Präzessionsbewegung beginnt, deren Drehsinn gerade umgekehrt ist wie bei der »Schwerkraftspräzession«. Wenn sich die Figurenachse nach unten neigt, nimmt die Präzessionsgeschwindigkeit zu, bis die Nutationskurve den unteren Grenzkreis erreicht. Anschließend richtet sich der Kreisel auf und »verbraucht« dabei so viel kinetische Energie, daß die Präzessionsbewegung abgebremst wird und schließlich ihre Richtung umkehrt, also in der durch die Anfangsbedingungen festgelegten Richtung zu präzedieren beginnt. Die Nutationskurve »biegt« sich an diesem Punkt der Schleife »zurück« und es entsteht eine Rückwärtspräzession. Die zugehörige Präzessionsgeschwindigkeit wird maximal, wenn die »Schwerkraftspräzession« vollständig abgebremst ist – die Figurenachse erreicht dann den oberen Grenzkreis. Anschließend kippt der Kreisel erneut zur Seite und die Schwerkraftspräzession gewinnt schließlich wieder die Oberhand.

Nutationen, bei denen die Figurenachse eine Zykloide beschreibt, kann man mit einem Spielzeugkreisel erzeugen, indem man ihn nach dem Aufziehen schräg stellt und dann vorsichtig losläßt. Der Kreisel rotiert im ersten Moment, ohne zu präzedieren und kippt daher etwas ab, bis die Kreiselspitze die untere Grenzlinie der Nutationskurve erreicht hat. Dabei wird potentielle Energie in kinetische umgewandelt und der Kreisel kann mit der Präzessionsbewegung beginnen. Wenn sich der Kreisel im Verlauf der Nutationsbewegung so weit aufgerichtet hat, daß die Figurenachse eine Spitze der Zykloide erreicht und den gleichen Winkel mit der Vertikalen bildet wie zu Beginn der Rotationsbewegung, steht keine kinetische Energie mehr für die »Schwerkraftpräzession« zur Verfügung. In diesem Moment ist die Präzessionsgeschwindigkeit Null. Bis die Kreiselspitze den unteren Grenzkreis erreicht, nimmt die Präzessionsgeschwindigkeit anschließend wieder zu.

Die Grenzkreise sind durch Erhaltungssätze festgelegt: Die Summe aus kinetischer und potentieller Energie muß konstant bleiben, wenn man im Idealfall von einer reibungsfreien Bewegung ausgeht. (Auf den Einfluß der Reibung werde ich noch zurückkommen.) Außerdem darf sich der Betrag des Drehimpulses in Richtung der (rotierenden) Figurenachse nicht ändern, denn parallel zum Drehimpuls wirkt zu keinen Zeitpunkt ein Drehmoment. Schließlich muß auch der Drehimpuls in bezug auf die Vertikale konstant bleiben, da beim reibungsfrei gelagerten Kreisel auch in dieser Richtung kein Drehmoment wirkt. Wenn Präzession einsetzt, muß man allerdings berücksichtigen, daß die Winkelgeschwindigkeiten bezüglich der Figurenachse und der Senkrechten sowohl von der Präzessions- als auch der Rotationsgeschwindigkeit abhängen. Ideale (reibungsfreie) Kreisel können nicht weiter abkippen oder sich höher aufrichten, wenn ihre Spitze einen Grenzkreis erreicht, ohne gegen die Erhaltungssätze zu verstoßen. Manche Kreisel können sich allerdings aufgrund der Reibung auf die Spitze stellen.

Mathematisch lassen sich Kreisel besonders einfach beschreiben, wenn die Rotationsenergie viel größer ist als die Änderung der potentiellen Energie im Verlauf der Nutationsbewegung, das heißt, wenn die Kreisel schnell rotieren. Dann ergibt sich für einige Größen ein einfacher Zusammenhang mit der Drehzahl: Die Präzessionsgeschwindigkeit sowie die Größe und die Periodendauer der Nutationsbewegungen nehmen mit sinkender Drehzahl zu. Man kann das leicht an einem rotierenden Kreisel beobachten, der durch die Reibung langsam abgebremst wird. Je kleiner die Drehzahl wird, um so schneller präzediert der Kreisel und um so ausgeprägter und langsamer werden seine Nutationsbewegungen. Kurz bevor der Kreisel endgültig umfällt, läuft die Nutation nur noch träge ab, und die Präzessionsgeschwindigkeit erreicht ihren Höchstwert.

Präzessionsgeschwindigkeit und Nutationsperiode hängen natürlich auch vom Trägheitsmoment des Kreisels ab – sie sind umgekehrt proportional zum Produkt aus der Drehzahl und dem Trägheitsmoment bezüglich der Drehachse. Bei sehr schweren Kreiseln ist das Trägheitsmoment ebenfalls groß, und sie lassen sich nicht in eine beliebig schnelle Rotation versetzen.

Bei schnell laufenden Kreiseln sind die Nutationsbewegungen mit bloßem Auge oft kaum zu erkennen, denn die Reibung bringt sie rasch zum Verschwinden, so daß solche Kreisel unabhängig von den Anfangsbedingungen nach kurzer Zeit ohne Nutationen präzedieren. Man spricht in diesem Fall von »pseudoregulärer« Präzession. Wirklich nutationsfrei oder »regulär« präzediert ein Kreisel nur dann, wenn die beiden Grenzkreise bereits zu Beginn der Bewegung zusammenfallen. Man kann dies erreichen, indem man den Kreisel beim Aufziehen gerade so neigt, daß die Drehachse durch den unteren Grenzkreis verläuft. Er kann dann nicht weiter abkippen und daher auch nicht die für die Präzession erforderliche kinetische Energie gewinnen – diese Energie muß man dem Kreisel beim Start mitgeben.

Der kräftefreie Kreisel

Es gibt zwei Arten von Präzessionsbewegungen, bei denen die Figurenachse einen Kegelmantel um die Vertikale beschreibt. Wir haben bisher nur die pseudoreguläre Präzession betrachtet, die durch die Schwerkraft hervorgerufen wird. Aber auch bei rotierenden Kreiseln, auf die weder die Schwerkraft, noch Reibung, noch irgendeine andere äußere Kraft einwirkt, tritt Präzession auf. Diese Präzession ist – verglichen mit derjenigen, die wir bislang betrachtet haben – schnell. Um das zu verstehen, stelle man sich ein rotierendes Ellipsoid vor, das reibungsfrei auf einer horizontalen Fläche abrollt und keiner äußeren Kraft – auch nicht der Schwerkraft – ausgesetzt ist.

Wenn die Figurenachse dieses hypothetischen Kreisels zu Beginn der Rotation gegen die Senkrechte (oder genauer die Richtung des Gesamtdrehimpulses) geneigt ist, setzt eine Präzessionsbewegung um die vertikale Achse ein, und der Kreisel rollt dann so auf der horizontalen Ebene ab, daß der Auflagepunkt eine Kreisbahn durchläuft; man bezeichnet diese Bahn als Rastpolkreis oder Herpolhodie. Die Linie, über die das Ellipsoid abrollt, ist ebenfalls ein Kreis – der Gangpolkreis oder die Polhodie; Bild 5 zeigt, wie der Gangpolkreis während der Kreiseldrehung auf dem Rastpolkreis abrollt.

Mein Kollege James A. Lock hat mich darauf aufmerksam gemacht, daß man eine schnelle Präzession manchmal beim Flug einer rotierenden Wurfscheibe beobachten kann. Beim gezielten Wurf wird die Scheibe so in eine schnelle Rotation versetzt, daß die Drehachse ihre Richtung während des Fluges beibehält. Ein fliegender Diskus kommt einem kräftefreien Kreisel nahe und ändert praktisch nicht seine Neigung, denn das von der anströmenden Luft erzeugte Drehmoment ist zu klein, um eine (langsame) Präzession hervorzurufen. Man kann die Scheibe auch so schleudern, daß sie beim Flug »flattert«, das heißt präzediert: Die Figurenachse beschreibt dann den Gangpolkegel.

Noch leichter läßt sich die schnelle Präzession an einer mit Drall geworfenen Bierdose beobachten. (Die Dose muß natürlich leer sein, denn mit Flüssigkeit gefüllt würde sie sich nicht wie ein starrer Körper verhalten.) Wenn Sie die Dose so wegschleudern, daß die

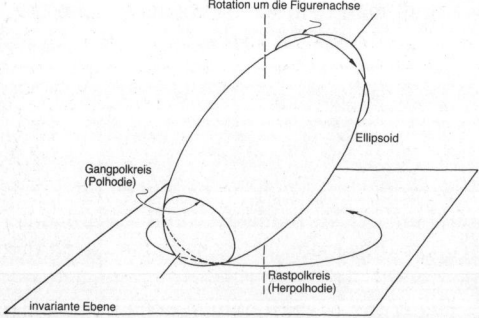

Bild 5: Ein rotierendes Ellipsoid, das keinen äußeren Kräften unterworfen ist, scheint auf einer invarianten Ebene abzurollen und dabei einen Kreis – den Rastpolkreis – zu durchlaufen. Die Folge der Punkte des Ellipsoids, über die es abrollt, liegen ebenfalls auf einem Kreis – dem Gangpolkreis.

Drehimpulsrichtung mit der Längsachse zusammenfällt, werden Sie keine Präzessionsbewegung feststellen. Dagegen kann die Dose präzedieren, wenn ihre Längsachse einen Winkel mit der Drehimpulsrichtung einschließt. Der Mittelpunkt des Dosenbodens durchläuft dann den Rastpolkreis, der in einer Ebene senkrecht zur Drehimpulsrichtung liegt (freilich muß sich diese Ebene mit der Dose mitbewegen). Diese Präzession hat nichts mit der Erdanziehung zu tun, denn die Schwerkraft kann auf die frei fliegende Dose kein Drehmoment ausüben.

Auch Kreisel, die auf einer waagerechten Fläche tanzen, lassen sich in schnelle Präzession versetzen, doch erfordert dies einen vergleichsweise hohen Aufwand an kinetischer Energie. Wenn der Kreisel nicht schon beim Aufziehen genug Energie mitbekommt, kann bei der Rotationsbewegung in der Regel keine schnelle Präzession mehr einsetzen.

Die Reibung und das Aufrichten eines Kreises

Wenn es Ihnen gelingt, einen Kreisel in eine schnelle Rotation um eine senkrechte Achse zu versetzen, und wenn Sie dafür sorgen, daß die Figurenachse die senkrechte Orientierung, die sie zu Beginn hatte, nicht ändert, kann man zwei Phasen der Bewegung beobachten: Solange die Drehzahl oberhalb eines kritischen Wertes liegt, der von der Gestalt und der Masse des Kreisels abhängt, bleibt die Figurenachse senkrecht. Sinkt die Drehzahl infolge der Reibung unter den kritischen Wert, setzt eine heftige Nutation ein, der Kreisel beginnt zu taumeln und kippt schließlich um.

Kann sich umgekehrt ein Kreisel, der zu Beginn der Rotation geneigt ist, im Verlauf einer Nutationsbewegung auch so weit aufrichten, daß er für einen Moment senkrecht steht? Im Prinzip ist das unmöglich, solange keine äußeren Kräfte einwirken, denn dazu müßte der Kreisel Energie gewinnen. Aber der obere Grenzkreis kann in extremen (seltenen) Fällen sehr klein sein, so daß sich die zugehörige Neigung der Figurenachse von der Senkrechtstellung nur noch geringfügig unterscheidet.

Ein aufmerksamer Beobachter wird sofort einwenden, daß sich bestimmte Kreisel in der Tat aufrichten und dann mit gleichbleibender Geschwindigkeit gleichmäßig um eine senkrechte Achse rotieren können. Um diesem Einwand Rechnung zu tragen, muß ich die bisherigen Aussagen und Annahmen präzisieren: Wenn sich ein rotierender Kreisel aufrichtet, gewinnt er die dazu nötige Energie nicht aus der Nutationsbewegung, sondern aufgrund eines komplizierten Wechselspiels zwischen dem aufliegenden Teil des Kreisels und den Reibungskräften, die am Auflagepunkt angreifen. Es ist eine Idealisierung anzunehmen, daß der Kreisel immer im selben, festen Punkt aufliegt. Ein realistischeres Modell geht davon aus, daß der Kreisel mit einer halbkugelförmigen Unterseite oder einem kugeligen »Stiel« die Auflagefläche berührt und in jedem Moment in einem anderen Punkt der Halbkugel aufliegt. Bei der Rotation drehen sich nämlich auch die Punkte auf der runden Fläche des »Stiels« mit.

Als fester Bezugspunkt kommt daher nicht der Auflagepunkt des Kreisels, sondern nur sein Schwerpunkt in Betracht, denn nur dieser ändert seine Lage während der Rotation nicht. In bezug auf den Schwerpunkt beschreibt der Auflagepunkt eines präzedierenden Kreises – genau wie die Spitze – einen Kreis (Bild 6). Diese Bewegung bewirkt, daß die runde Fläche des »Stiels« dazu neigt, abzurollen. Die Richtung, in der sie dies tut, resultiert aus der Rotationsgeschwindigkeit (bezüglich der geneigten Figurenachse) und der Präzessionsgeschwindigkeit (bezüglich der Vertikalen). Da die Rotationsgeschwindigkeit größer ist als die Präzessionsgeschwindigkeit, gleitet der »Stiel« über den Boden. Dieser Gleitbewegung wirken

Bild 6: Kreisel, die auf einer waagerechten Unterlage tanzen, liegen in Wirklichkeit nicht in einem festen Punkt auf, sondern ihr Auflagepunkt durchläuft einen Kreis, und

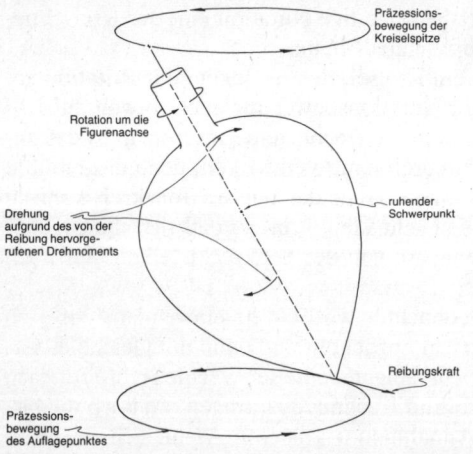

zwar in umgekehrtem Drehsinn wie die Kreiselspitze. Der Schwerpunkt behält dagegen seine Lage bei. Da die Präzessions- und die Rotationsgeschwindigkeiten am Auflagepunkt gleich groß sind, entsteht ein Schlupf. Diese Reibungskraft erzeugt ein Drehmoment, das den Kreisel aufrichtet. Dabei wirkt der Abstand zwischen dem Drehpunkt und dem Auflagepunkt als Hebelarm.

Präzessionsbewegung der Kreiselspitze

Rotation um die Figurenachse

Drehung aufgrund des von der Reibung hervorgerufenen Drehmoments

ruhender Schwerpunkt

Reibungskraft

Präzessionsbewegung des Auflagepunktes

Reibungskräfte entgegen, die den Kreisel aufrichten können. Die Reibung erzeugt nähmlich ein Drehmoment in bezug auf einen Drehpunkt, der im einfachsten Fall mit dem Schwerpunkt zusammenfällt. In jedem Moment wirkt dann der Abstand zwischen Schwerpunkt und Auflagepunkt als Hebelarm und der Betrag des Drehmoments ergibt sich mathematisch aus dem (vektoriellen) Produkt der Länge des Hebelarms und der Reibungskraft.

Natürlich »stiehlt« die Reibung einem Kreisel Energie und kann ihn aus seiner gleichmäßigen Rotation um die senkrechte Achse bringen. Damit ein Kreisel auch auf dem Stiel gleichmäßig rotieren kann, sollte die Stieloberfläche stark gekrümmt sein. Wenn sie nur leicht gewölbt ist, richtet sich der Kreisel zu langsam auf, und bevor er die Senkrechte erreichen kann, bricht die Rotation infolge der Reibung ab.

Daher haben beispielsweise die kegelförmigen Spielzeugkreisel, die mit einer Peitsche aufgezogen und in Drehung gehalten werden, stark gekrümmte Auflageflächen. Wegen ihrer Kegelform liegt ihr Schwerpunkt verhältnismäßig hoch, so daß die Reibungskraft an einem großen Hebelarm angreifen und den Kreisel innerhalb weniger Sekunden aufrichten kann.

Versuche mit selbstgebauten Kreiseln

Im Zeitalter des elektronischen Spielzeugs ist der gute, alte Spielzeugkreisel aus der Mode gekommen. Früher konnte man in Spielzeuggeschäften unter verschiedenen, meistens birnen-, kegel- oder scheibenförmigen Kreiseln auswählen, die entweder mit den Fingern, einer Peitsche oder durch Abwickeln einer Schnur aufgezogen wurden und dann auf dem Boden tanzten oder in einem Rahmen rotierten, in dem sie weitgehend reibungsfrei gelagert waren. Heutzutage werden nur noch wenige Spielzeugkreisel angeboten, und man kommt nicht umhin, selbst welche zu basteln. Eine Fülle von Anregungen werden Sie in dem schönen Buch von D. W. Gould finden, das im Literaturverzeichnis am Ende dieses Bandes aufgeführt ist. Gould beschreibt darin beispielsweise Kreisel in Form von Vielekken, deren Flächen mit Symbolen gekennzeichnet sind und die Würfel und Spielkarten ersetzen können. Andere Kreisel besitzen einen Stab zum Aufziehen, der mit einem Gewinde versehen ist und nach unten gestoßen werden muß. Schließlich gibt es scheibenförmige Kreisel, die in der Mitte gewölbt sind und von denen man mehrere

gleichzeitig tanzen lassen kann. Bemerkenswert ist die Vielfalt der
Formen, in denen man in allen Teilen der Welt Kreisel gestaltet.

Auch die in Bild 1 abgebildeten Kreisel wurden selbst gebastelt.
Donald W. Dubois und seine Studenten setzten sie aus so alltäglichen Gegenständen wie Knöpfen, Nadeln oder Schrauben zusammen. Oft genügt es, eine Kleinigkeit zu befestigen, eine Kante abzu-
runden, eine Schnur durch einen Schlitz zu ziehen oder mehrere solcher Gegenstände mit einem festen Epoxidharz zusammenzukleben,
um gute Kreisel zu erhalten.

Da die Reibung das Verhalten der Kreisel stark beeinflußt, ließ
Dubois sie auf verschiedenen Unterlagen tanzen. Manche rotieren
besonders lange auf Papier, Plastikfolie und sogar auf dem Bettuch,
während andere auf diesen Unterlagen nach kurzer Zeit umfallen.
Dubois hat herausgefunden, daß die einzige Unterlage, auf der alle
seine Kreisel gut laufen, ein Linoleumboden ist, wenngleich die meisten Kreisel eine Vorliebe für Flächen aus anderen Materialien
haben und darauf noch länger rotieren. In der Regel wandern die
Kreisel auf der Unterlage und folgen dabei meist spiralförmigen
Rastpolkurven, die Dubois sichtbar macht, indem er seine Kreisel
auf Kohlepapier, Durchschlagpapier oder einer berußten Glasplatte
laufen läßt.

Kreisel wie etwa die Stellschraube oder die Holzperle auf einem
spitzen Stift in Bild 1 kann man von oben festhalten und zwischen
den Fingern drehen, um sie in Rotation zu versetzen. Wenn der
Schwerpunkt oben liegt, muß man den Kreisel zwischen den linken
Daumen und den rechten Zeigefinger klemmen und ruckartig beide
Finger in entgegengesetzter Richtung wegziehen.

Selbst mit viel Geschick bringt man es so nur auf niedrige Drehzahlen verglichen mit dem folgenden Verfahren, bei dem der Kreisel
in ein Stoffband oder das Farbband einer Schreibmaschine gewickelt
wird. Wenn man den Kreisel so auf die Unterlage wirft, daß sich das
Band abrollt, dann beginnt er nach einer geglückten Landung mit
hoher Drehzahl zu rotieren. Bei kleinen sowie zerbrechlichen Kreiseln nimmt Dubois das Band doppelt, wickelt es sechs- bis vierzehn-
mal um den Kreisel, setzt ihn auf die Unterlage und zieht dann die
beiden Bandenden in entgegengesetzter Richtung schnell auseinan-
der. Auf diese Weise brachte er einen Polsternagel auf 15 000 Umdrehungen pro Minute, während er mit »Handantrieb« nur 8 000
Umdrehungen pro Minute erreichte. Wenn die Oberfläche des Kreisels, wie beispielsweise der Schaft eines Polsternagels sehr glatt ist,
rutscht das Band beim Aufwickeln immer wieder ab. Dubois be-

streicht solche glatten Flächen mit Epoxidharz, um die Reibung zu vergrößern. Das hat zusätzlich den Vorteil, daß der Kreisel in dem Augenblick, in dem das Band abgewickelt ist, nicht davonfliegt, sondern am Boden gehalten wird.

Manche Kreisel beginnen zu »singen«, wenn sie auf der Unterlage wandern und Spiralen »ziehen« oder wenn sie durch ihre Drehung Luftturbulenzen und Schwingungen erzeugen. Die Töne entstehen aber erst, wenn die Drehzahlen 3300 Umdrehungen pro Minute überschreiten. Einer von Dubois' Kreiseln kann einen Ton »singen«, der zwei Oktaven über dem Kammerton a (440 Hertz) liegt. Wenn man den Kreisel auf einer Membran rotieren läßt, wird der Ton durch diesen Resonanzkörper verstärkt, doch darf die Membran nicht zu stark gespannt sein, weil der Kreisel sie dann durchbohren kann.

Die Drehzahl und die Frequenz der schnellen Präzession läßt sich stroboskopisch sehr gut messen. Man ändert die Zahl der Lichtblitze, die das Stroboskop pro Sekunde aussendet, solange bis der rotierende Kreisel stillzustehen scheint. Das Stroboskop ist dann genau auf die Frequenz eingestellt, die der Drehzahl des Kreisels entspricht. Selbst die hohen Drehzahlen von über 100000 Umdrehungen pro Minute, wie sie einige der kleinen Kreisel von Dubois erreichen, lassen sich auf diese Weise leicht bestimmen. Die Kreisel können nur deshalb so schnell rotieren, weil ihr Trägheitsmoment extrem klein ist, so daß sie die kinetische Energie, die beim Aufziehen zugeführt wird, in eine hohe Rotationsenergie umsetzen.

Von allen Kreiseln, denen ich bisher begegnet bin, faszinierten mich die Stehauf- oder Kippkreisel (Bild 7) am meisten. Ich werde im folgenden Beitrag einen derartigen Kreisel beschreiben, eine Halbkugel mit einem zylindrischen Stiel in der Mitte der Kreisfläche. Da der Schwerpunkt dieses Kippkreisels in der Halbkugel liegt, erwartet man, daß der Kreisel auf der Halbkugel rotiert. Versetzt man ihn in Drehung, so stellt er sich jedoch sogleich auf den Stiel, so als wären alle Gesetze der Schwerkraft aufgehoben. Was den Kreisel zu seinem merkwürdigen Kopfstand veranlaßt, ist die Reibung im Auflagepunkt der Halbkugel. Läßt man einen Stehaufkreisel auf einer berußten Glasscheibe rotieren, so entstehen auf der Halbkugel Rußspuren, die die Gangpolbahn nachzeichnen, und auf der Glasplatte wird die Bahn des Auflagepunktes, also die Rastpolkurve sichtbar (Bild 7).

Wie verhalten sich Kreisel auf einer schiefen Ebene? Durchläuft der Auflagepunkt in einem solchen Fall dieselbe spiralförmige

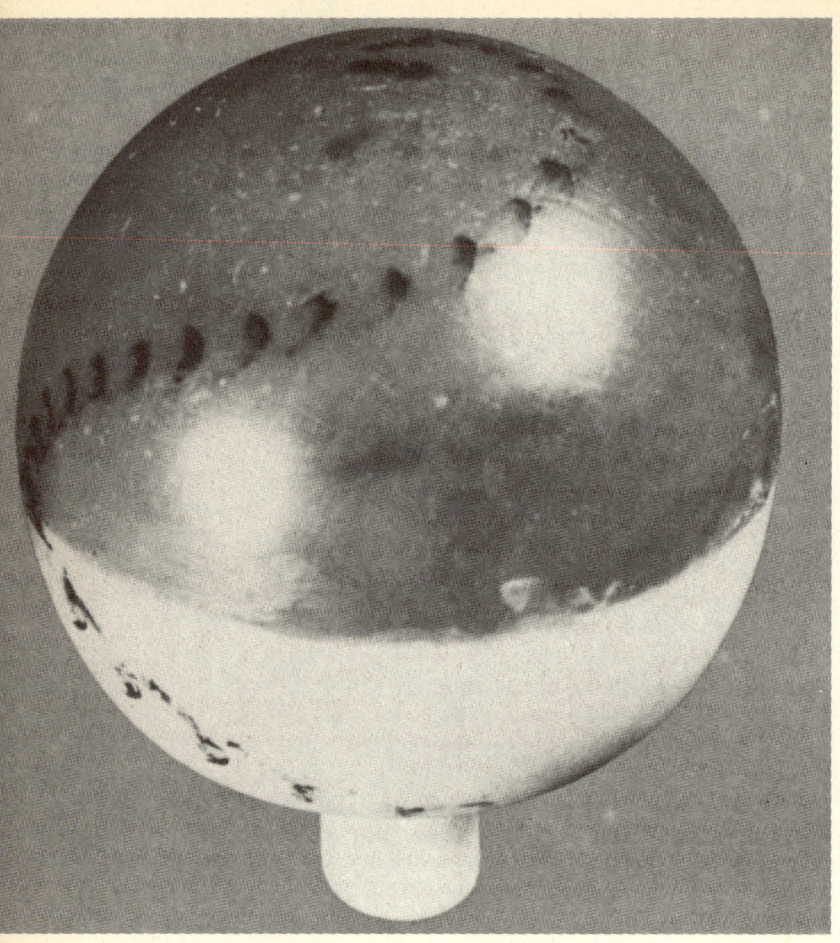

Rastpolkurve wie bei einer horizontalen Unterlage? Ledo Stefanini von der Universität Bologna hat diese Fragen in einer Veröffentlichung eingehend beantwortet. Auch er setzt voraus, daß der Kreisel in der Umgebung des Auflagepunktes kugelförmig ist. Er unterscheidet mehrere Fälle: Wenn der Kreisel präzessionsfrei rotiert, bewegt sich der Auflagepunkt bei einer geneigten Fläche entlang einer Geraden. Wenn der Kreisel präzediert, gibt es je nach Neigung der

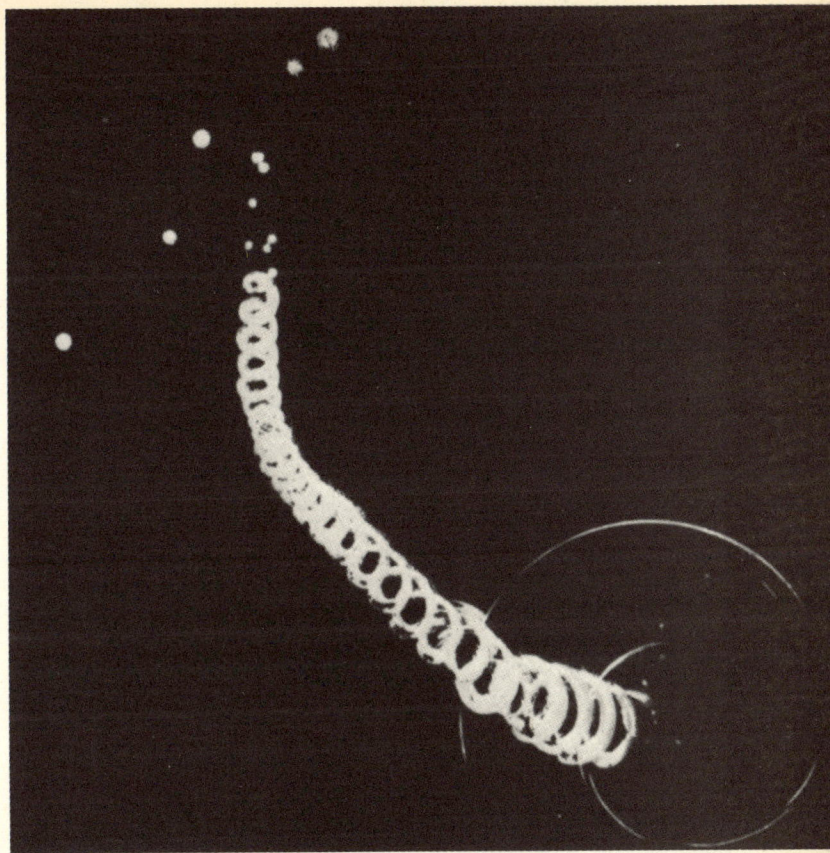

Bild 7: Läßt man einen Kippkreisel auf einer berußten Glasplatte rotieren, so zeichnen die Rußspuren auf dem Kreisel die Gangpolkurve nach (links). Auf der Glasplatte wird die Rastpolkurve als helle, spiralförmige Bahn sichtbar (rechts).

Unterlage und der Figurenachse vier mögliche Rastpolkurven: eine Spiralbahn, eine Sinuslinie, eine Schleifenbahn oder eine Zykloide. Manchmal kann der Kreisel auf der schiefen Ebene auch bergauf wandern, während er sich gleichzeitig seitlich verschiebt, bevor er schließlich wieder absteigt. Welche Kurven Kreisel auf einer schiefen Ebene durchwandern, können Sie leicht an den Spuren ablesen, die sie auf Kohlepapier hinterlassen.

Wackelsteine:
Links- und rechtsdrehende Kelte und warum sie ihre Drehrichtung ändern

Flache Steine mit gewölbter Unterseite können sich seltsam verhalten, wenn man sie rotieren läßt: Versetzt man sie in eine Drehung mit dem »falschen« Drehsinn, so halten sie bald an, schwingen einige Sekunden auf und ab und drehen sich anschließend in der entgegengesetzten Richtung. Die Rotation mit dem »richtigen« Drehsinn ist dagegen häufig stabil. Einen entsprechend geformten Stein, der auf einem Tisch ruht, kann man dadurch in Drehung versetzen, daß man ihn anstößt, so daß er auf- und abschwingt. Die Schwingung geht alsbald in eine Drehbewegung über.

Steine, die sich in dieser Weise verhalten, bezeichnen wir nach den prähistorischen Äxten und Breitbeilen, an denen Archäologen das seltsame Verhalten erstmals beobachteten, als »Kelte«. Vor einigen Jahren fand ich in einem Buch über Kreisel und Gyroskope eine Beschreibung solcher Steine, doch wurde dort nicht erklärt, warum sie eine Drehrichtung bevorzugen. Später sandte mir A. D. Moore von der Universität von Michigan einige Kelte (Bild 1), die er »rattlebacks« nannte, um die ruckartigen Bewegungen zu beschreiben, die sie bei der Änderung ihrer Drehrichtung ausführen.

Die Unterseite der meisten von Moore fabrizierten Kelte hat die Form eines Ellipsoids. Sie muß möglichst glatt sein, denn schon kleinste Unebenheiten können das Verhalten der Kreisel erheblich ändern. Die Oberseite eines Kelts kann flach, ausgehöhlt oder gleichfalls wie ein Ellipsoid gewölbt sein.

Von oben betrachtet drehen sich die meisten der in Bild 1 gezeigten Kelte bevorzugt im Uhrzeigersinn. Versetzt man sie also in eine Rechtsdrehung, so rotieren sie sehr gleichmäßig, bis sie infolge der Reibung irgendwann zum Stillstand kommen. Nur bei einer Linksdrehung halten sie nach einigen Umdrehungen an, führen einige Schwingungen aus und drehen sich schließlich nach rechts. Einige Kelte ändern ihre Drehrichtung ein zweites Mal, bevor sie zum Stillstand kommen. Auch die zweite Richtungsänderung beginnt damit, daß der Kreisel anhält und auf- und abschwingt, doch ist die Schwingungsachse dann eine andere als bei der ersten Richtungsänderung (Bild 2).

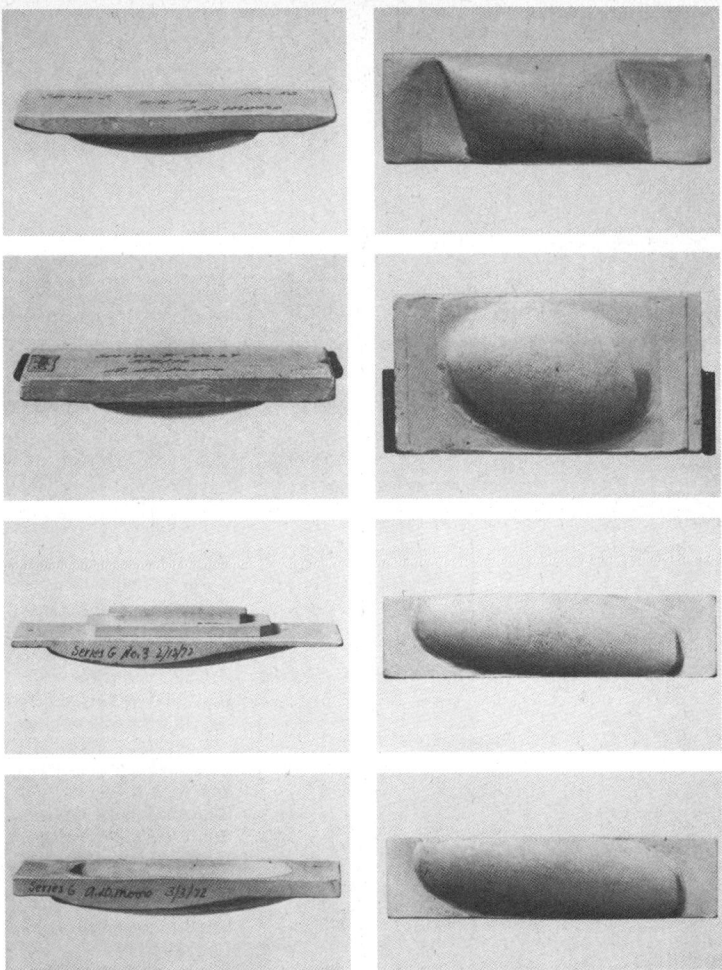

Bild 1: Vier der von A. D. Moore fabrizierten Kelte, jeweils schräg von oben (links) und von unten (rechts) gesehen. Charakteristisch ist die gewölbte Unterseite, deren Oberfläche möglichst glatt sein muß. Das Oberteil, das bei allen hier gezeigten Formen rechteckig ist, kann flach oder ausgehöhlt sein oder einen Aufbau besitzen. Wichtig ist, daß die Symmetrieachsen der oberen und unteren Teile gegeneinander verdreht sind. Man sieht das besonders deutlich bei den drei unteren Aufnahmen rechts. Die große Achse der eiförmigen oder ellipsoiden Unterseite ist gegenüber der Längsachse des Rechtecks nach rechts gedreht. Die hier gezeigten Kreisel drehen sich bevorzugt im Uhrzeigersinn. Versetzt man sie in eine Linksdrehung, so ändern sie ihre Drehrichtung und rotieren im »richtigen« Drehsinn weiter.

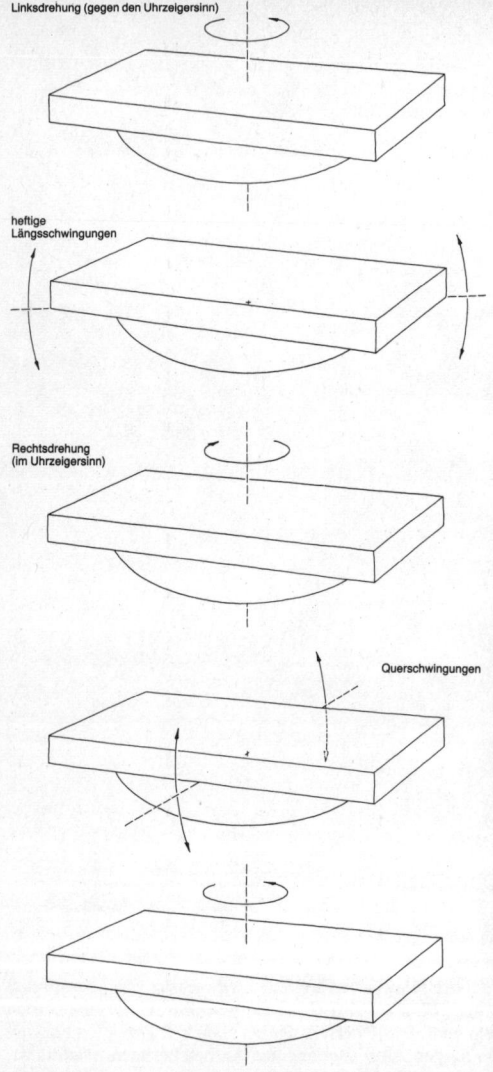

Linksdrehung (gegen den Uhrzeigersinn)

heftige
Längsschwingungen

Rechtsdrehung
(im Uhrzeigersinn)

Querschwingungen

Bild 2: Versetzt man einen der in Bild 1 gezeigten Kreisel, der eine Rechtsdrehung bevorzugt, in eine Linksdrehung, so kehrt sich die Drehrichtung abrupt um: Der Kreisel gerät in heftige Längsschwingungen, die zum Abbruch der Linksdrehung und zum Beginn einer Rechtsdrehung führen. Einige Kreisel ändern ihre Drehrichtung ein zweites Mal: Verlangsamt sich die Rechtsdrehung, so treten Querschwingungen auf, die schließlich in eine Linksdrehung übergehen. Manche Modelle können ihre Drehrichtungen fünfzehnmal umkehren, bevor sie endgültig zum Stillstand kommen.

Moore formte seine Kelte aus Modelliermasse und polierte und lackierte sie. Erwies sich ein Kreisel als gelungen, so stellte Moore einen Abdruck her, um weitere Exemplare der gleichen Art anfertigen zu können. Moore bastelte Kreisel auch aus Löffelkellen, die er mit dem Rand an ein flaches, rechteckigs Metall- oder Plexiglasstück klebte, so daß die Wölbung des Löffels nach unten wies und die Längsachsen der Kelle und des Rechtecks gegeneinander verdreht waren. Zum Balancieren des Kreisels dienten Geldstücke, die auf die flache Oberseite geklebt wurden, so daß der Kelt nach keiner Seite kippte und sich im Uhrzeigersinn gleichmäßig drehte. Einer von Moores Kelten sieht aus wie ein halbes Ei (Bild 3). Auf der flachen Oberseite ist ein Messingstab befestigt, der mit der Längsachse des »halben Eies« einen Winkel bildet. Mit diesem Kreisel erreichte Moore mehr als fünfzehn Richtungswechsel im Verlauf einer Drehung.

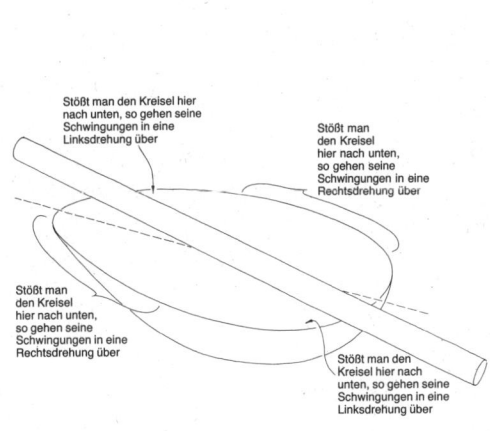

Stößt man den Kreisel hier nach unten, so gehen seine Schwingungen in eine Linksdrehung über

Stößt man den Kreisel hier nach unten, so gehen seine Schwingungen in eine Rechtsdrehung über

Stößt man den Kreisel hier nach unten, so gehen seine Schwingungen in eine Rechtsdrehung über

Stößt man den Kreisel hier nach unten, so gehen seine Schwingungen in eine Linksdrehung über

Bild 3: An diesem Kreisel, der die Form eines halben Eies hat, kann man besonders gut beobachten, wie eine Schwingung in eine Drehbewegung übergeht. Stößt man den ruhenden Kreisel an den mit Pfeilen gekennzeichneten Stellen nach unten, so führt er zunächst Längsschwingungen aus und dreht sich dann nach links. Tippt man den Kreisel dagegen an den Stellen an, die mit geschweiften Klammern markiert sind, so schwingt er in Querrichtung und gerät dann in eine Rechtsdrehung.

Das Bauprinzip der Kelte

Warum ändert ein Kelt seine Drehrichtung? Es ist schwierig, das Verhalten eines Kelts mathematisch zu beschreiben, aber auch die Beobachtung liefert Hinweise auf die Ursache der Richtungswechsel. Geht die Bewegung eines Kelts von einer Linksdrehung in eine Rechtsdrehung über, so schwingen die Punkte C und D am Ende der einen Diagonalen des rechteckigen Oberteils (Bild 4) stärker auf und ab als die Endpunkte A und F der anderen Diagonalen, das heißt, der Kreisel schwingt um die in Bild 4 als »Hauptachse 3« bezeichnete Achse (Längsschwingung).

Bei der zweiten Änderung des Drehsinns bewegen sich die Punkte G und H am stärksten auf und ab, das heißt der Kreisel schwingt

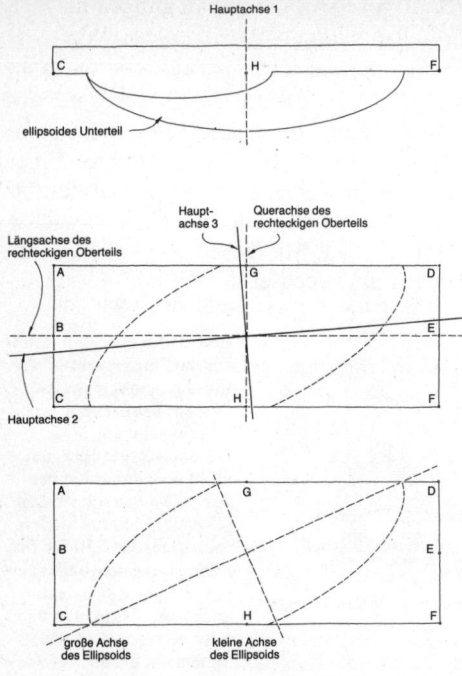

Hauptachse 1

C H F

ellipsoides Unterteil

Haupt-
achse 3

Querachse des
rechteckigen Oberteils

Längsachse des
rechteckigen Oberteils

A G D

B E

C H F

Hauptachse 2

A G D

B E

C H F

große Achse
des Ellipsoids

kleine Achse
des Ellipsoids

Bild 4: Der bevorzugte Drehsinn eines Kreisels und seine Fähigkeit, die Drehrichtung zu ändern, hängen von der Lage der Hauptachsen ab. Jeder starre Körper besitzt drei aufeinander senkrecht stehende Hauptachsen, die sich im Schwerpunkt schneiden. Die drei Zeichnungen zeigen einen Kelt von der Seite (oben) und von oben (Mitte und unten) gesehen. Man erkennt, daß die waagerechten Hauptachsen 2 und 3 gegen die Symmetrieachsen des rechteckigen Oberteils in gleicher Richtung verdreht sind wie die beiden Achsen des Ellipsoid, jedoch um einen kleineren Winkel. Wechselt der Kreisel die Drehrichtung von links nach rechts, so schwingt er um die Hauptachse 3. Vor der entgegengesetzten Richtungsänderung schwingt er um die Hauptachse 2.

jetzt um die »Hauptachse 2« (Querschwingung). Man kann eine Schwingung um eine der beiden Hauptachsen anregen, indem man einen ruhenden Kelt entsprechend anstößt. Tippt man ihn am Punkt A an, so passiert nicht viel: Er schwingt kurze Zeit und dreht sich möglicherweise ein wenig nach links. Stößt man ihn am Punkt B an, so schwingt er und beginnt eine Rechtsdrehung. Am heftigsten reagiert er, wenn man ihn am Punkt C nach unten stößt: kräftigen Längsschwingungen folgt rasch eine Rechtsdrehung. Die gleichen Schwingungen treten auf, wenn eine Linksdrehung des Kreisels in eine Rechtsdrehung übergeht.

Stößt man den Kreisel am Punkt G an, so wippt er von einer Seite zur anderen und dreht sich dann links herum. Man beobachtet den gleichen Bewegungsablauf wie beim Wechsel von einer Rechts- zur Linksdrehung.

Die Querschwingungen sind viel langsamer als die Längsschwingungen, doch laufen beide so rasch ab, daß man ihnen nur mit Mühe folgen kann. Außerdem überlagern sich die Schwingungen mit den Rotationen. Mathematisch behandelt man die Kelte gewöhnlich wie asymmetrische Kreisel, das heißt wie Kreisel, die nicht rotationssymmetrisch zur Drehachse sind. Die Schwierigkeit der mathematischen Behandlung besteht darin, die Hauptachsen festzulegen. Kennt man die drei Hauptachsen und weiß, wie sich die Masse des Kreisels in bezug auf diese Achsen verteilt, so kann man daraus alle Rotationseigenschaften ableiten.

Die drei Hauptachsen stehen bei allen Körpern senkrecht aufeinander und fallen bei vielen Gegenständen mit Symmetrieachsen zusammen. Wären bei einem Kelt die Längsachsen des rechteckigen Oberteils und des ellipsoiden Unterteils parallel, so entsprächen zwei Hauptachsen den Symmetrieachsen des Rechtecks, und die dritte Achse stünde auf beiden senkrecht. Alle drei Hauptachsen würden sich im Schwerpunkt des Kreisels schneiden.

Tatsächlich ist bei einem Kelt nur die senkrechte Achse eine Hauptachse. Die beiden anderen Hauptachsen bilden mit den Symmetrieachsen des rechteckigen Oberteils einen Winkel (Bild 4). Damit eine Kelte seine Drehrichtung ändert, muß seine Masse in bezug auf die Hauptachsen 2 und 3 (siehe Bild 4) verschieden verteilt sein. Man bezeichnet die Massenverteilung relativ zu einer Hauptachse auch als Hauptträgheitsmoment. Betrachten wir die Hauptachse 3: Schwingt ein Kelt um diese Achse, so ist das Hauptträgheitsmoment vergleichsweise groß, und die Drehung wird schnell gebremst, da sich noch in verhältnismäßig großem Abstand von der Achse Masse befindet. Es kommt zu einer abrupten Umkehrung der Drehrichtung. Bei der Schwingung um die Hauptachse 2 ist das Hauptträgheitsmoment vergleichsweise klein, denn die Kreiselmasse hat von der Hauptachse 2 einen kleinen Abstand. Die Drehung wird weniger rasch gebremst, und die Drehrichtung kehrt sich weniger abrupt um.

Das ellipsoide Unterteil eines Kelts ist für den Wechsel der Drehrichtung entscheidend. Gestaltet man das Unterteil kugelförmig, so ändert sich die Drehrichtung nicht. Die ellipsoide Form bedeutet, daß das Unterteil des Kreisels in Richtung der Querachse des rechteckigen Oberteils stärker gekrümmt ist als in Richtung der Längsachse. Dadurch und durch die Tatsache, daß die Längs- und Querachsen von Ober- und Unterteil jeweils nicht zusammenfallen, werden die Kelte anfällig gegen kleine Störungen, die die Drehung um die vertikale Achse beeinflussen. Solche Störungen können beim Starten der Drehbewegung auftreten oder durch die Reibung mit der Tischfläche hervorgerufen werden und verstärken sich rasch. Ist die

Reibung zu groß, so wird die Drehung so schnell abgebremst, daß kein Richtungswechsel auftreten kann. Aber auch wenn die Reibung zu klein ist, wird sich die Drehrichtung nicht umkehren.

Wie ändert sich die Bewegung eines Kreisels, wenn man seine Trägheitsmomente ändert? Ich befestigte einen Bleistift auf dem Oberteil eines Kelts, zuerst auf der Längsachse, dann auf der Querachse des Rechtecks. In beiden Fällen balancierte ich den Kreisel sorgfältig aus, so daß sein Drehpunkt immer an derselben Stelle der Ellipsoidfläche lag.

Hatte ich den Bleistift auf der Längsachse des Rechtecks befestigt, so zeigte der Kreisel die gleichen Richtungswechsel wie zuvor. Das hatte ich erwartet, denn ich hatte lediglich die Differenz der Trägheitsmomente vergrößert. Lag der Bleistift dagegen auf der Querachse des Rechtecks, so traten keine Richtungswechsel mehr auf, und es zeigten sich auch keine Schwingungen. Bei dieser Anordnung

Bild 5: Dieser Kippkreisel besteht aus einem halbkugelförmigen Unterteil, auf dem ein kleiner zylindrischer Stab sitzt. Ist seine Drehachse ein wenig gegenüber der Senkrechten geneigt, so kippt der Kreisel immer weiter zur Seite, stellt sich schließlich »auf den Kopf« und dreht sich auf dem Stab weiter. Die Kippbewegung läßt sich wie folgt erklären: An dem Punkt, an dem der gegen den Uhrzeigersinn rotierende Kreisel die Tischfläche berührt, greift eine Reibungskraft an, die der Drehkraft entgegengerichtet ist. Da die Reibungskraft nicht im Schwerpunkt des Kreisels angreift, wirkt der Abstand zwischen Schwerpunkt und Auflagepunkt des Kreisels wie ein starrer Hebel, den die Reibungskraft dreht. Gelingt es, den Kreisel in sehr schnelle Rotation um die vertikale Achse zu versetzen, so kreiselt er so lange »normal«, wie die Gleitreibung im Verhältnis zur Drehkraft klein bleibt und kleine Störungen nicht zu einer seitlichen Verlagerung der Drehachse führen.

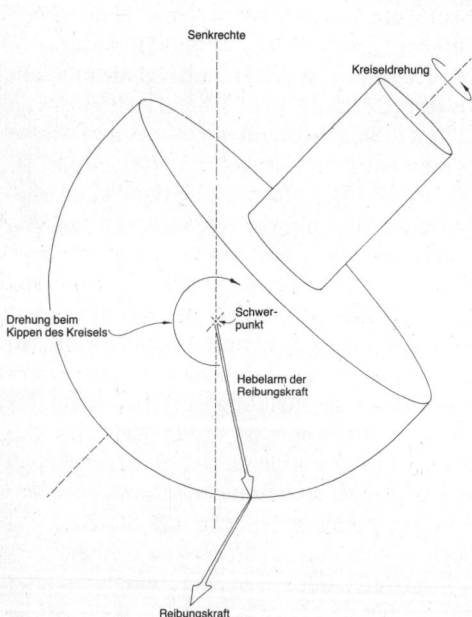

hatte ich das Trägheitsmoment bezüglich der Hauptachse 2 vergrößert, und es war offenbar fast ebenso groß geworden wie das Trägheitsmoment bezüglich der Hauptachse 3. Bei gleichen oder nahezu gleichen Trägheitsmomenten verstärken sich Schwingungen, die durch kleine Störungen hervorgerufen werden, nicht. Infolgedessen treten auch keine erhöhten Reibungskräfte zwischen Tischfläche und Kreisel auf, der Kreisel hält nicht an und ändert seine Drehrichtung nicht.

Man kann die Trägheitsmomente schrittweise ändern, indem man auf den Hauptachsen des Kreisels Schienen befestigt, in denen man Muttern verschieben kann. Die Trägheitsmomente hängen dann davon ab, wie weit die Muttern von der Kreiselmitte entfernt sind. (Der Kreisel muß nach jeder neuen Einstellung ausbalanciert werden.) Auch mit dieser Anordnung läßt sich der Wechsel der Drehrichtung verhindern, indem man die Hauptträgheitsmomente einander angleicht. Was geschieht, wenn die Muttern so befestigt werden, daß das Trägheitsmoment bezüglich der Hauptachse 2 größer wird als das Trägheitsmoment bezüglich der Hauptachse 3?

Jeder Kelt schwingt mit einer größeren Frequenz um die Hauptachse 3 als um die Hauptachse 2. Der Theorie zufolge sollten keine großen Schwingungsamplituden auftreten, wenn die Zahl der Umdrehungen pro Zeiteinheit (die Rotationsfrequenz) größer ist als die Schwingungsfrequenz. Allerdings gelang es mir nicht, einen Kelt in eine so schnelle Linksdrehung zu versetzen, daß diese Bedingung erfüllt war, ohne gleichzeitig Störungen in der Bewegung des Kreisels hervorzurufen. Dagegen konnte ich den Kreisel mühelos in eine Rechtsdrehung versetzen, deren Frequenz größer als die Schwingungsfrequenz um die Hauptachse 2 war. Die Schwingungen verstärkten sich in diesem Fall erst, nachdem die Rotationsfrequenz infolge der Reibung kleiner als die Schwingungsfrequenz geworden war.

Sie können leicht selbst einen Kelt aus Modelliermasse oder Holz herstellen. Korrigieren Sie seine Form so lange, bis er sich zufriedenstellend bewegt. Anhand verschiedener Kreisel können Sie untersuchen, wie die Ausrichtung des Ellipsoids die Umkehrung des Drehsinns beeinflußt. Wenn Ihr Kreisel möglichst viele Richtungswechsel erzielen soll, müssen Sie den besten Winkel zwischen der Längsachse des Ellipsoids und der Längsachse des Oberteils herausfinden. Vielleicht bauen Sie einen Kelt, der so groß ist, daß Sie auf ihm reiten können? Während er seine Drehrichtung ändert, verhält er sich wie ein bockiges Pferd.

Der Kippkreisel

Ich will noch einen Kreisel erwähnen, der sich wider Erwarten umdreht: den Kippkreisel. Er besteht aus einer Halbkugel, auf der in
der Mitte der Kreisfläche ein kurzer zylindrischer Stab befestigt
worden ist (Bild 5). Dreht man den Stab kräftig zwischen den Fingern und läßt den Kreisel auf eine glatte Fläche fallen, so dreht er
sich nur wenige Sekunden auf der kugelförmigen Unterseite, stellt
sich dann auf den Kopf und dreht sich auf dem Stab weiter. Der
überraschende »Kopfstand« wird durch die Reibung zwischen dem
Kreisel und der Fläche, auf der er sich dreht, hervorgerufen. Nehmen wir an, die Drehachse des rotierenden Kreisels sei gegen die
vertikale Achse geneigt (Bild 5). Dann entsteht durch die Drehung
eine Gleitreibungskraft, die ein Drehmoment erzeugt, so daß der
Kreisel sich umdreht.

Einen Kippkreisel kann man in einem Spielzeugladen kaufen oder
aus einem halben Vollgummiball, in den man einen Stab einsetzt,
selbst herstellen. Auch ein hartgekochtes Ei verhält sich wie ein
Kippkreisel: Versetzt man es in Rotation um seine Querachse, so
richtet es sich auf und dreht sich um seine Längsachse weiter. An
diesem Verhalten kann man feststellen, ob ein Ei gekocht ist: Ein
rohes Ei richtet sich nicht auf, denn die Flüssigkeit in seinem Inneren
kann sich selbständig bewegen.

Seltsame Kreisel:
Münzen, Flaschen und eine Torkelmaschine

Stellen Sie eine Münze hochkant auf eine glatte Unterlage und versetzen Sie sie mit einem Fingerschnippen in Drehung. Zunächst rotiert sie in der Vertikalen, bald aber beginnt sie zu torkeln. Während sie immer lauter und hektischer klappert, neigt sie sich mehr und mehr zur Seite, bis sie schließlich flach auf der Unterlage liegen bleibt. Auch einen zylindrischen Gegenstand – wie eine Flasche – kann man durch Drehen zum Torkeln oder Kreiseln bringen. Treibt man es nicht zu toll, so kippt er allerdings nicht um, sondern steht am Ende wieder aufrecht da.

Aus ein paar einfachen Experimenten kann man bereits eine Menge darüber erfahren, wie das Kreiseln solcher Gegenstände vor sich geht und warum manche liegend, andere dagegen aufrecht zur Ruhe kommen. Meine Überlegungen basieren auf einer Studie der an der Universität British Columbia tätigen Wissenschaftler Lorne A. Whitehead und Frank L. Curzon; sie ist im *American Journal of*

Bild 1: Ein Aluminiumzylinder kreiselt in einem Apparat, den Lorne A. Whitehead an der Universität von British Columbia entwickelt hat. Wie der Apparat genau aufgebaut ist und wie er im einzelnen funktioniert, zeigt Bild 6.

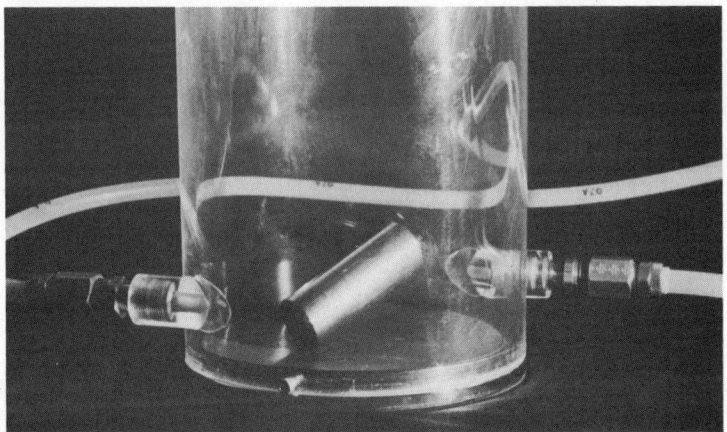

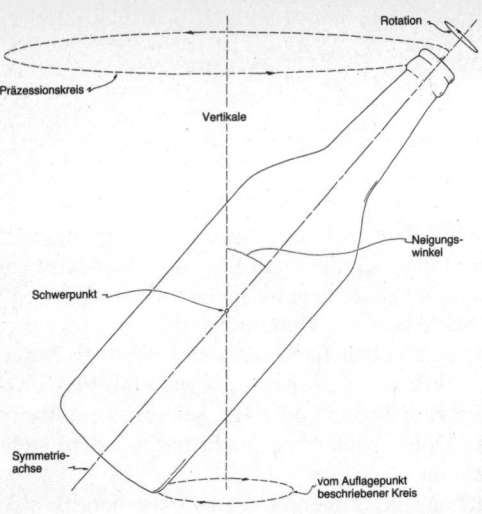

Rotation

Präzessionskreis

Vertikale

Neigungswinkel

Schwerpunkt

Bild 2: Die physikalischen Kenngrößen einer präzedierenden (kreiselnden) Flasche.

Symmetrieachse

vom Auflagepunkt beschriebener Kreis

Physics erschienen. Whitehead entwickelte den Apparat für die Untersuchungen und gab den Anstoß zu der von Curzon angestellten mathematischen Analyse. Für meine Betrachtungen habe ich außerdem auf eine Arbeit von Martin G. Olsson von der Universität von Wisconsin in Madison zurückgegriffen.

Eine Kreiselbewegung zeichnet sich durch drei Eigenschaften aus. Erstens ist sie periodisch. Zweitens verlagert sich der Schwerpunkt des kreiselnden Objekts allmählich nach unten, verschiebt sich aber kaum seitlich. Drittens schließlich rollt der Gegenstand auf der Unterlage entlang, ohne zu rutschen. Das verringert die reibungsbedingten Energieverluste und verleiht der Bewegung eine längere Dauer.

Ein kreiselnder Gegenstand berührt seine Unterlage nur an einem Punkt: dem Auflagepunkt. Seine Symmetrieachse, die senkrecht auf der kreisförmigen Grundfläche steht und durch deren Mittelpunkt verläuft, ist stets gegen die Vertikale geneigt; den Winkel zwischen ihr und der Vertikalen wollen wir als Neigungswinkel bezeichnen. Während der Gegenstand um die Symmetrieachse rotiert, läuft diese ihrerseits auf einem Kegelmantel – mit der Kegelspitze im Schwerpunkt – um die Vertikale. Da sich der Schwerpunkt beim Rotieren nicht seitlich verlagert, beschreibt der Auflagepunkt des Körpers einen Kreis um die vertikale Achse. Wir beobachten also die gleiche

Bewegung – man nennt sie Präzession –, die auch ein Spielzeugkreisel vollführt, bevor er schließlich umkippt.

Die eigentliche Ursache dieser Präzession ist die Schwerkraft. Obwohl sie auf jeden Punkt des Körpers wirkt, erleichtert es die Analyse, ohne das Resultat zu verfälschen, wenn man annimmt, daß sie allein im Schwerpunkt angreift.

Sofern sich der Schwerpunkt nicht genau senkrecht über dem Auflagepunkt befindet, erzeugt die Schwerkraft ein Drehmoment, das den Körper zu kippen trachtet. Handelt es sich bei dem Objekt um einen auf dem Rand stehenden, geneigten Zylinder, so hängt die Richtung dieses Drehmoments vom Neigungswinkel ab. Wenn der Neigungswinkel so klein ist, daß das Lot vom Schwerpunkt auf die Unterlage durch die Grundfläche des Zylinders verläuft, so kippt der Zylinder zurück in die aufrechte Position. Schneidet es dagegen die Seitenfläche, dann kippt er zur Seite und fällt um. Ein Zylinder, der um seine Drehachse rotiert, tut allerdings weder das eine noch das andere. Statt zu kippen, reagiert er auf das von der Schwerkraft ausgeübte Drehmoment mit einer Ausweichbewegung: der gerade beschriebenen Präzession.

Eine verbotene Zone

Die Präzessionsfrequenz eines kreiselnden Gegenstands hängt unter anderem von dem Winkel ab, um den seine Symmetrieachse gegen die Vertikale geneigt ist. Als Whitehead und Curzon diesen Sachverhalt untersuchten, machten sie eine überraschende Entdeckung. Im allgemeinen präzediert ein Kreisel gleichmäßig bei jedem Neigungswinkel zwischen nahezu null – bei fast senkrechter Symmetrieachse – und neunzig Grad – bei fast waagerechter Symmetrieachse. Das Überraschende war nun, daß es für gewisse Körper einen von ihrer Form abhängenden Winkelbereich gibt, in dem sie keine saubere, gleichmäßige Präzessionsbewegung ausführen können. Diese »verbotene Zone« ist leicht zu bestimmen, wenn der Gegenstand einen kreisförmigen Rand besitzt, auf dem er abrollen kann – wie das bei einer Münze oder einer Flasche der Fall ist.

Whitehead und Curzon untersuchten die Bedingungen für eine gleichmäßige Präzession am Beispiel von Zylindern. Lage und Größe der verbotenen Zone hängen in diesem Fall vom Verhältnis zwischen Höhe und Durchmesser des Zylinders ab (Bild 3). Bei ei-

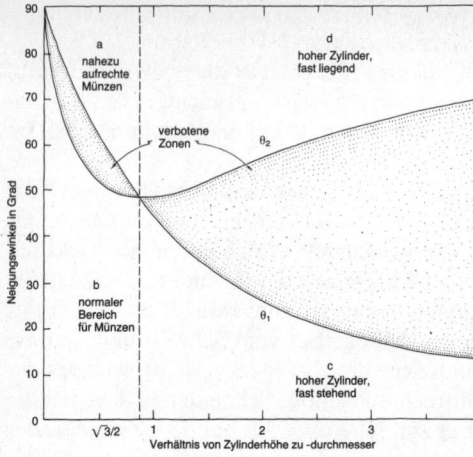

Bild 3: Ein Zylinder kann – je nach seiner Form – nur unter bestimmten Neigungswinkeln gleichmäßig präzedieren. Zwischen den Winkeln Θ_1 und Θ_2 liegt eine »verbotene Zone«, in der keine stetige Präzession möglich ist. Beim Winkel Θ_1 ist der Schwerpunkt senkrecht über dem Auflagepunkt, während bei Θ_2 der Drehmomentvektor vertikal steht. Beides sind Grenzfälle, bei denen keine Präzession auftritt. Nur ein Zylinder, der ein Verhältnis zwischen Höhe und Durchmesser von $\sqrt{3/2}$ besitzt, kann stets gleichmäßig kreiseln.

ner Münze ist dieses Verhältnis klein, bei Bierdosen und den meisten anderen Zylindern dagegen groß.

Die verbotene Zone wird durch die Winkel Θ_1 und Θ_2 begrenzt. Θ_1 ist der Neigungswinkel, bei dem sich der Schwerpunkt des Zylinders senkrecht über dem Auflagepunkt befindet – eine Anordnung, bei der die Schwerkraft kein die Präzession in Gang setzendes Drehmoment ausübt. Beim Winkel Θ_2 steht der Drehmomentvektor senkrecht, so daß es auch hier zu keiner Präzession kommt.

Im Normalfall sind die beiden Winkel verschieden. Nur wenn das Verhältnis von Höhe zu Durchmesser den Grenzwert $\sqrt{3/2}$ (die halbe Quadratwurzel von 3) besitzt, fallen sie zusammen. Ist das Verhältnis kleiner, so präzediert der Zylinder mehr wie eine Münze, während sich längliche Zylinder – wie Dosen – ähnlich wie eine Flasche verhalten.

Versetzt man eine Münze in Drehung, so liegt gewöhnlich die links unten in Bild 3 (Sektor b) gezeigte Situation vor. Die Münze beginnt gleichmäßig zu präzedieren. Da sie durch Reibung allmählich Energie verliert, wird der Neigungswinkel ihrer Symmetrieachse immer kleiner (Bild 4). Anfangs sinkt zugleich auch die Präzessionsfrequenz. Später aber, wenn der Neigungswinkel gegen Null geht, nimmt sie wieder zu. Man kann das nicht nur sehen, sondern auch hören. Das Geklapper der Münze verlangsamt sich zunächst, während die Präzessionsfrequenz sinkt, und wird dann erneut schneller.

Schaut man von oben auf die Münze, so kann man auch die Rotationsfrequenz verfolgen. Zunächst wirbelt das Geldstück allerdings zu schnell herum, als daß die Prägung zu erkennen wäre. Je mehr es sich jedoch gegen die Horizontale neigt, um so langsamer rotiert es, und um so deutlicher ist die Prägung zu sehen. Die vom schneller werdenden Geklapper angezeigte Zunahme der Präzessionsfrequenz steht also in scharfem Gegensatz zur parallel dazu erfolgenden Abnahme der Rotationsfrequenz.

Wie kommt es, daß sich die Präzessionsfrequenz einer torkelnden Münze vergrößert, während diese doch durch die Reibung Energie verliert? Um das zu verstehen, muß man wissen, daß die Münze drei verschiedene Energieformen besitzt. Zwei davon sind Rotationsenergien – die eine steckt in der Eigendrehung der Münze, die andere in ihrer Präzession um die Vertikale. Hinzu kommt als drittes die potentielle Energie im Gravitationsfeld der Erde. Eine präzedierende Münze muß sich immer stärker neigen, weil durch die Reibung mit der Unterlage die Eigendrehung gebremst wird, was mit einem Verlust an Rotationsenergie verbunden ist. Während sich die Münze neigt, sinkt zugleich der Schwerpunkt, so daß auch die potentielle Energie der Münze abnimmt. Diese Verluste an kinetischer und potentieller Energie zwingen die Münze dazu, schneller zu präzedieren – ähnlich wie ein hüpfender Gummiball gegen Ende immer häufigere und flachere Sprünge vollführt.

Theoretisch kann man eine Münze auch unter den Bedingungen des Sektors a in Bild 3 rotieren lassen – obgleich dazu einige Kunstfertigkeit gehört. Die Münze steht dann so steil, daß das Lot vom Schwerpunkt auf die Unterlage durch den Münzenrand verläuft. Auch in diesem Fall präzediert das Geldstück gleichmäßig. Doch die Energieverluste durch die Reibung führen nun statt zu einer Verkleinerung zu einer Vergrößerung des Neigungswinkels: Die Münze

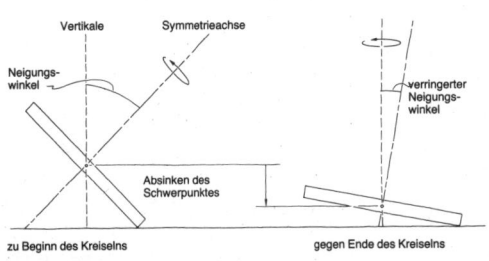

Bild 4: Versetzt man eine Münze mit einem Fingerschnippen auf einem Tisch in Drehung, so beginnt sie unter einem bestimmten Neigungswinkel zu präzedieren. Dabei kippt sie mit der Zeit immer stärker zur Seite: Der Neigungswinkel verkleinert sich, und der Schwerpunkt sinkt.

richtet sich weiter auf und sollte schließlich hochkant stehen bleiben. Diese Position ist jedoch zu instabil, so daß unvermeidliche kleine Störungen bereits genügen, das Geldstück kippen zu lassen. Auch es beendet seine Karriere daher gewissermaßen mit einer Bauchlandung.

Der Bereich des Neigungswinkels, in dem ein Zylinder gleichmäßig präzedieren kann, besitzt dann seinen größten Wert, wenn das Verhältnis von Zylinderhöhe zu -durchmesser $\sqrt{3/2}$ beträgt. Wie Bild 3 zeigt, gibt es in diesem Fall überhaupt keine verbotene Zone. Für einen Zylinder größerer Länge – beispielsweise eine Bierdose – existiert dagegen wieder ein Winkelbereich, in dem keine gleichmäßige Präzession möglich ist. Soll ein solcher Zylinder gleichmäßig kreiseln, so muß sein Neigungswinkel entweder unter Θ_1 (Sektor c in Bild 3) oder über Θ_2 liegen (Sektor d in Bild 3).

Um eine Bierdose oder Flasche bei kleinem Neigungswinkel, also nahezu aufrecht, präzedieren zu lassen, nimmt man sie zwischen beide Hände, kippt sie fast bis zum Winkel Θ_1 und bewegt die Hände schließlich rasch gegeneinander (loslassen nicht vergessen!). Die Dose rollt nun im Kreis auf ihrem Rand. Während sie sich immer schneller dreht, verkleinert sich der Neigungswinkel, bis sie schließlich aufrecht stehen bleibt (Bild 5). Da Bierdosen und Flaschen ziemlich hoch und schmal sind, können Unebenheiten an ihrem Rand oder auf dem Tisch ihre Bewegungen beeinträchtigen. Daher kreiseln sie nicht besonders sauber.

Ein Zylinder, der bei einem Winkel oberhalb Θ_2, also nahezu liegend, in Drehung versetzt wurde, verhält sich anders. Durch den reibungsbedingten Energieverlust neigt er sich immer stärker zur Seite, während seine Präzessionsfrequenz sinkt. Wenn er schließlich die horizontale Lage erreicht hat, kommt die stark verlangsamte, aber noch nicht völlig erlahmte Präzessionsbewegung durch die Reibung mit der Unterlage schnell völlig zum Stillstand.

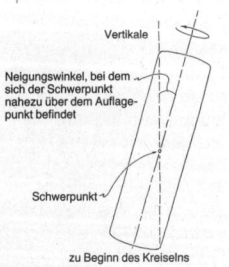

Vertikale

Neigungswinkel, bei dem sich der Schwerpunkt nahezu über dem Auflagepunkt befindet

Schwerpunkt

zu Beginn des Kreiselns

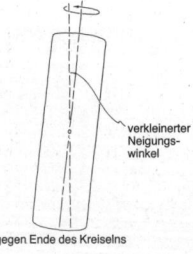

verkleinerter Neigungswinkel

gegen Ende des Kreiselns

Bild 5: Versetzt man einen hohen, nicht zu stark geneigten Zylinder in Drehung, so richtet er sich – im Gegensatz zu der Münze von Bild 4 – während des Präzedierens immer weiter auf und kommt schließlich senkrecht stehend zur Ruhe.

Einen kleinen Zylinder kann man leicht durch ein Fingerschnippen in eine solche Kreiselbewegung versetzen. Der Zylinder präzediert dann gleichmäßig und neigt sich nach und nach gegen die Unterlage, wobei er immer unregelmäßiger kreist und sein Klappern allmählich langsamer wird.

Ein Torkelapparat

Whitehead kam bei seinen Untersuchungen schon früh auf die Idee, das Kreiseln eines Zylinders zu verlängern, indem er ihn mit einer Düse anblies. Er bastelte einen Apparat, in dem ein acht Zentimeter langer und drei Zentimeter dicker Aluminiumzylinder von zwei Luftstrahlen tangential angeblasen wurde. Der per Hand unter einem großen Neigungswinkel in Bewegung gesetzte Zylinder erfüllte die für Sektor d in Bild 3 geltenden Bedingungen und präzedierte entsprechend. Durch optimales Einstellen der Luftströme konnte Whitehead Präzessionsfrequenzen von bis zu hundert Hertz (Schwingungen pro Sekunde) erreichen. Obwohl die Bewegung stabil war, neigte der Zylinder dazu, auf der Unterlage wegzudriften. Whiethead beschloß daher, einen verbesserten Apparat zu bauen.

Heraus kam ein Gehäuse mit Plexiglasboden, das einen Durchmesser von fünfzehn Zentimeter besitzt (Bilder 1 und 6). Die Innenfläche des Bodens ist nach unten gewölbt – mit einem Krümmungsradius von fünfzig Zentimetern –, damit der Zylinder nicht aus dem Zentrum wegdriftet. Um auch ein Verrutschen des Zylinders zu verhindern, klebte Whitehead zusätzlich eine zweieinhalb Zentimeter dicke Gummischicht auf den Boden.

Am Unterteil des Gehäuses sind zwei Luftdüsen angebracht, die an die Preßluftversorgung im Labor angeschlossen werden. Ihr Luftstrom hält die Präzessionsbewegung des Zylinders aufrecht, indem er die Reibungsverluste ausgleicht. Die Luft entweicht durch Löcher im Plexiglasdeckel wieder aus dem Apparat.

Die Hauptschwierigkeit für Whitehead war, sowohl die Präzession als auch die Rotation des Zylinders »einzufrieren«, da beide Bewegungen gewöhnlich verschiedene Frequenzen besitzen. Er löste dieses Problem, indem er einen Zylinder entwickelte, dessen Rotationsfrequenz ein ganzzahliges Vielfaches seiner Präzessionsfrequenz war, und diesen mit einem synchronisierten Stroboskop – einem Gerät, das Lichtblitze bestimmter Frequenz aussendet – beobachtete.

Whitehead wählte für seine Versuche einen sorgfältig gearbeiteten

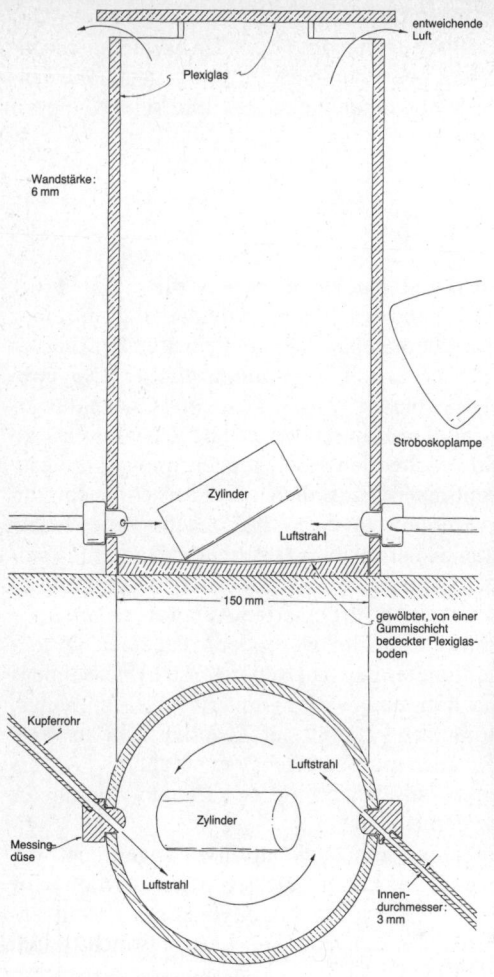

entweichende Luft

Plexiglas

Wandstärke: 6 mm

Stroboskoplampe

Zylinder

Luftstrahl

150 mm

gewölbter, von einer Gummischicht bedeckter Plexiglasboden

Kupferrohr

Luftstrahl

Zylinder

Messingdüse

Luftstrahl

Innendurchmesser: 3 mm

Bild 6: Whiteheads Apparat zur Untersuchung der Präzessionsbewegung von Zylindern in Querschnitt (oben) und Aufsicht (unten). Ein von Hand in Bewegung gesetzter Aluminiumzylinder wird von zwei Düsen mit Luft angeblasen und so in Drehung gehalten. Der Boden des Plexiglasbehälters ist nach unten gewölbt und mit einer Gummischicht bedeckt, damit der Zylinder nicht wegdriftet. Zur Beobachtung dient ein Stroboskop, dessen Lichtblitzfrequenz auf die Präzessionsfrequenz des Zylinders abgestimmt ist. Dadurch wird die Präzessionsbewegung für den Beobachter gleichsam eingefroren.

Aluminiumzylinder, dessen Höhe das 2,71fache seines Durchmessers betrug. Wenn ein solcher Zylinder mit einem Neigungswinkel von 64 Grad – nahe seinem Θ_2-Wert – präzediert, sollte seine Rotationsfrequenz doppelt so groß sein wie seine Präzessionsfrequenz. Durch Regelung der Strömungsgeschwindigkeit der Luft ließ sich der Neigungswinkel – und damit auch die Präzessionsfrequenz – genau einstellen. Das Stroboskop lief dabei mit einer Frequenz von fünfzig Hertz.

Whitehead mußte den Zylinder etwas korrigieren, damit die Präzessionsfrequenz tatsächlich den doppelten Wert der Rotationsfrequenz besaß. Die erforderliche Genauigkeit betrug etwa 0,1 Millimeter. Als er den Zylinder soweit hatte, versetzte er ihn von Hand in eine stabile Präzessionsbewegung bei dem gewünschten Neigungswinkel. Dann regelte er den Luftstrom so ein, daß dieser Winkel konstant blieb. Es gelang ihm, den Zylinder drei bis vier Tage lang in Gang zu halten – ein Zeitraum, der sich noch verlängern ließe, wenn man für den Boden der Apparatur ein härteres Material als Plexiglas verwenden würde; denn damit die Präzession gleichmäßig bleibt, muß eine Plexiglasoberfläche von Zeit zu Zeit nachgeschliffen werden.

Olsson machte einen spektakulären Versuch, um das Torkeln von Münzen zu demonstrieren. Dazu versetzte er eine zweieinhalb Zentimeter dicke Aluminiumscheibe von der Größe eines Schachtdeckels in Rotation. Sie torkelte mit einem rechten Getöse – besonders gegen Ende, als sie sich nahezu in der Horizontalen befand. Dieser Versuch eignet sich besonders gut für ein Klassenzimmer mit schrägen Sitzreihen: Die Schüler können die Rotationsfrequenz beobachten und die Präzessionsfrequenz hören. Das Wechselspiel zwischen der Abnahme der einen und dem Anstieg der anderen ist faszinierend.

Bumerangs zum Selbermachen:
Auftrieb, Drehimpuls und das Geheimnis der Rückkehr

Der Bumerang ist eines der sonderbarsten Wurfgeräte. Wirft man einen einfachen Stock in die Luft, so fällt er nicht weit entfernt zu Boden. Dagegen beschreibt ein Bumerang bei einem Rundflug Bahnen bis zu einer Länge von zweihundert Metern. Ein erfahrener Werfer kann mit dem Bumerang zielen und so beispielsweise Tiere treffen. Bekanntlich waren es australische Eingeborene, die als erste, wahrscheinlich zufällig, die Eigenarten dieses Wurfgerätes bemerkten; unabhängig davon wurde der Bumerang aber auch in anderen Erdteilen »erfunden«. Ursprünglich diente er wohl als Waffe, die geradeaus fliegen sollte. Die meisten Menschen finden heute aber den zurückkehrenden Bumerang interessanter. Obwohl der Bumerang ein sehr altes Gerät ist, kann ein Amateur auch heute noch eine Menge zum Verständnis seines Fluges beitragen. Dabei klingt es überraschend, daß der geradeaus fliegende Bumerang aerodynamisch wahrscheinlich komplizierter ist als der zurückkehrende.

Bumerangs, die in Sportgeschäften angeboten werden, sind meist Massenartikel, die schlecht fliegen. Viele von ihnen kehren nicht einmal zurück. Wer gerne mit einem Bumerang experimentieren möchte, muß sich deshalb seinen eigenen bauen. Dann kann man ihn auch verändern und feststellen, welche Faktoren seinen Flug beeinflussen. Das beste Material für einen Bumerang ist die finnische oder die russische Birke, die auch für den Bau von Booten und Flugzeugen verwendet wird. Dieses widerstandsfähige Holz liefert einen Bumerang, bei dem Größe und Gewicht im richtigen Verhältnis stehen. Bild 1 zeigt einen Bumerang, der zurückkehren kann, aber nur für Rechtshänder geeignet ist. Linkshänder müssen sich das Bild im Spiegel ansehen. Wenn Sie einen Bumerang bauen wollen, sollten Sie sich zunächst eine Pappschablone in Originalgröße herstellen. Legen Sie die Schablone auf ein Stück Holz (das auch aus mehreren, zusammengeklebten Platten bestehen kann) und markieren Sie die Umrisse mit einem Bleistift. Nachdem Sie den Rohling ausgesägt haben, spannen Sie ihn in einen Schraubstock und formen die Kanten und Oberflächen der Flügel so, wie das in Bild 1 gezeigt ist. Verwenden Sie dazu eine Raspel mit gewölbter Oberfläche. Die Flügel müs-

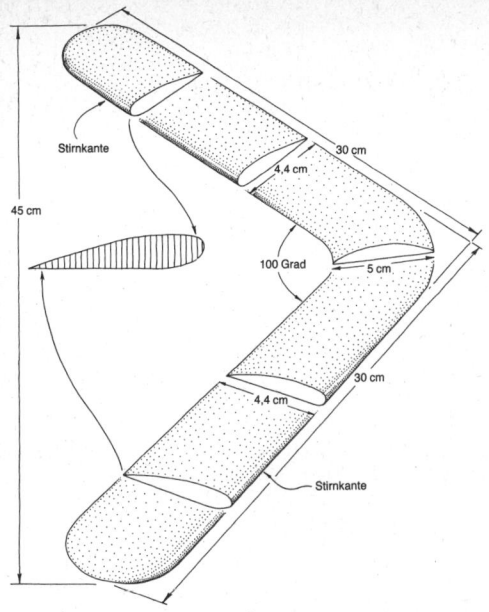

Bild 1: Zweiflügeliger Bumerang für Rechtshänder. Die Flügel besitzen gewölbte Ober- und flache Unterseiten. Die Stirnkanten sind abgerundet, die hinteren Kanten spitz. Das beste Material für einen Bumerang ist das Holz der finnischen oder russischen Birke. Es ist strapazierfähig und gibt dem Bumerang ein günstiges Verhältnis von Größe zu Gewicht. Linkshänder müssen diese Bauanleitung spiegelbildlich lesen.

sen das Profil einer Tragfläche erhalten: abgerundete Stirnkante, gewölbte Oberseite und scharfe Hinterkante. Die Unterseite bleibt flach. Sie wird nur so weit bearbeitet, wie das zur Abrundung der Stirnkante nötig ist. Rillen und kleine Unebenheiten sollten Sie mit grobem Sandpapier, das um ein weiches Holz gewickelt ist, ausgleichen. Bevor Sie Ihren Bumerang mit feinerem Sandpapier bearbeiten, prüfen Sie seine Flugeigenschaften. Vermutlich müssen Sie noch häufig raspeln und schmirgeln, ehe Sie zufrieden sind. Am Ende können Sie den Bumerang mit schönen Motiven verzieren und mit einem farblosen Lack überziehen.

Die Wurftechnik

Werfen Sie Ihren Bumerang nur im offenen Gelände, und achten Sie darauf, daß niemand verletzt und nichts beschädigt wird. Denken Sie stets daran, daß ein Bumerang auch eine Waffe ist.

Halten Sie den Bumerang am Ende eines Flügels, so daß die flache Seite Ihre Handfläche berührt (Bild 2, rechts). Führen Sie ihn

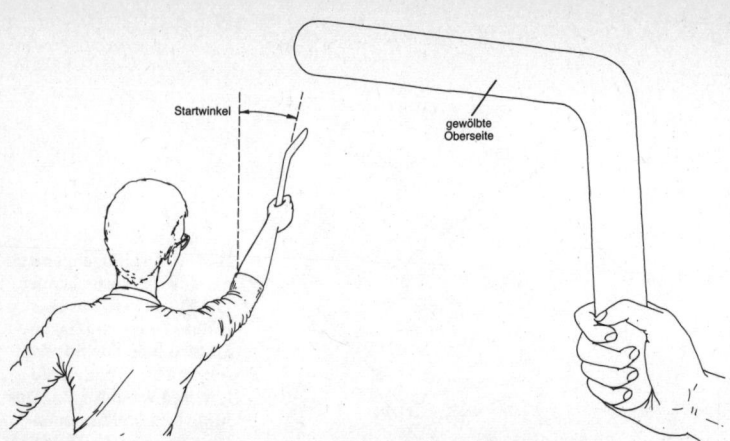

Bild 2: Beim Abwurf wird der Bumerang am Ende eines Flügels gehalten. Seine flache Unterseite berührt dabei die Handfläche. Der Startwinkel gibt an, wie stark die Ebene, in der sich der Bumerang um seinen Schwerpunkt dreht, gegen die Senkrechte geneigt ist. Bei zu großen Startwinkeln steigt der Bumerang zu hoch und fällt unter Umständen mit großer Wucht zu Boden.

Bild 3: Bei einem guten Flug beschreibt ein Bumerang eine geschlossene Kreisbahn auf der Oberfläche einer unsichtbaren, großen Kugel. Die Ebene, in der sich der Bumerang um seinen Schwerpunkt dreht, ändert während des Fluges ihre Neigung gegen die Senkrechte.

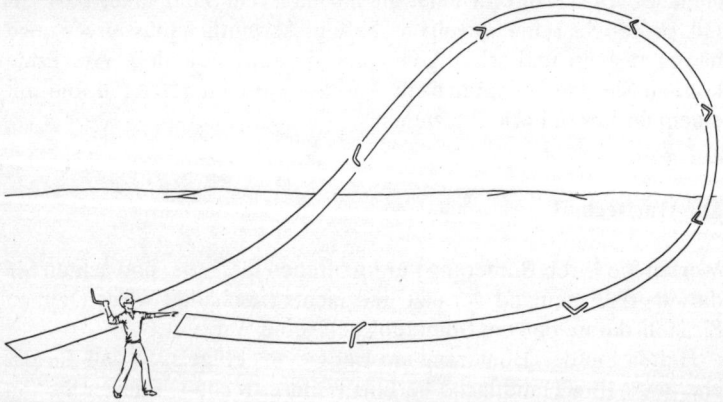

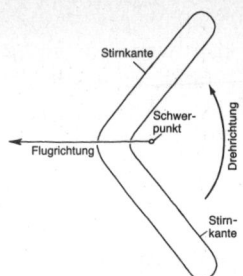

Bild 4: Ein Bumerang dreht sich während seines Fluges um eine Achse, die senkrecht zur Flugrichtung steht und durch seinen Schwerpunkt geht. Der jeweils obere Flügel bewegt sich in Flugrichtung.

seitlich hinter den Kopf, und schleudern Sie ihn mit Schwung aus dem Handgelenk heraus nach vorn (Bild 3). Werfen Sie am Anfang nicht zu fest – der Bumerang muß sich schnell drehen, wenn Sie ihn losgelassen haben, das ist das wichtigste (Bild 4).

In welche Richtung und mit welcher Neigung man einen Bumerang wirft, hängt von den Windverhältnissen und der Form des Bumerangs ab. Bei starkem Wind fliegt ein Bumerang nicht gut. Bei leichtem Wind finden Sie die günstigste Wurfrichtung, indem Sie sich zunächst gegen den Wind stellen und dann um 45 Grad nach rechts drehen. Den Winkel, den die Ebene, in der sich der Bumerang beim Abwurf dreht, mit der Vertikalen bildet, wollen wir Startwinkel nennen (Bild 2, links). Ein großer Startwinkel verleiht dem Bumerang zu Beginn seines Fluges einen großen Auftrieb. Diesen Effekt wird man an windstillen Tagen ausnutzen. Bei zu großem Auftrieb kann ein Bumerang aber auch schnell steigen und mit solcher Wucht zu Boden stürzen, daß er zerbricht.

Bei einem guten Flug sieht es so aus, als bewegte sich der Bumerang auf der Oberfläche einer unsichtbaren Kugel (Bild 3). Auf dem Rückweg wird er vermutlich schweben und, wenn Sie Glück haben, noch einen oder zwei Kreise ziehen, ehe er vor Ihren Füßen zu Boden sinkt. Auch wenn Sie den Bumerang unter einem kleinen Startwinkel abwerfen, wird er sich bei der Rückkehr in einer Ebene drehen, die beinahe waagrecht liegt. Sollte Ihr Bumerang bei leichtem Wind stets rechts oder stets links von Ihnen landen, werfen Sie ihn etwas mehr in Richtung des Windes. Wenn er hinter Ihnen landet, versuchen Sie es mit weniger Kraft. Hilft das nicht, werfen Sie ihn unter einem kleinen Startwinkel leicht nach oben.

Wenn Sie Ihren Bumerang bei der Rückkehr auffangen wollen, müssen Sie ihn im letzten Flugstadium zwischen Ihren flach ausgestreckten Händen schweben lassen und die Hände dann zusammenschlagen. Nach einer Bruchlandung werfen Sie Ihren Bumerang nicht weg. Kleben Sie die Teile zusammen, und feilen und schmirgeln Sie die Oberfläche wieder in die gewünschte Form. Durch die kleine Änderung seiner Massenverteilung wird der Bumerang sein Flugverhalten auf interessante Weise ändern, wenngleich er nicht mehr so stabil sein wird wie zuvor.

Die Einstellung

Um einen Bumerang richtig »einzustellen«, braucht man Erfahrung und etwas Glück. Sind die Oberseiten der Flügel stark gekrümmt, erhält der Bumerang einen großen Auftrieb und beschreibt einen engen Kreis. Flacht man die Oberseite ab oder krümmt man die Unterseite, so vermindert sich der Auftrieb. Wenn die schnelle Drehung zu früh nachläßt, fällt der Bumerang zu Boden, bevor er zurückgekehrt ist. In diesem Fall ist vermutlich der Luftwiderstand zu groß, und Sie sollten die Oberfläche glätten oder sogar umformen. Tiefe Rillen und Unebenheiten erhöhen im allgemeinen den Luftwiderstand, aber leichtes Aufrauhen kann die Flugeigenschaften bisweilen verbessern.

Vielleicht ziehen Sie es vor, die Flügel des Bumerangs gegeneinander zu verdrehen. Das gelingt, wenn Sie ihn zuvor in einem Herd bei 200 Grad Celsius langsam erwärmt haben. Wenn die Vorderkanten beider Flügel so geneigt sind, daß die vorbeistreichende Luft nach rechts abgelenkt wird, erhält der Bumerang Auftrieb nach links. Man kann sich ein Bild davon machen, indem man die Hand aus dem Fenster eines fahrenden Autos hält und in verschiedenen Winkeln zum Fahrtwind dreht.

Ein Bumerang darf auch mehr als zwei Flügel haben. Zwei Lineale, die kreuzweise übereinandergelegt und in der Mitte durch ein starkes Gummiband oder eine Schraube verbunden sind, bilden einen vierflügeligen Bumerang (Bild 5). Die Lineale müssen eine gekrümmte Ober- und eine flache Unterseite besitzen. Werfen Sie diesen Bumerang wie einen zweiflügeligen. Achten Sie darauf, sich nicht an den scharfen Kanten zu schneiden, und verwenden Sie keine Lineale mit Metallkanten.

Einen einfachen Bumerang mit drei oder vier Flügeln kann man auch aus einem Stücke Pappe schneiden. Die Flügel müssen ein wenig gegeneinander verdreht werden, so daß der Bumerang nicht mehr ganz eben ist. Ein solcher Bumerang kann in einem großen

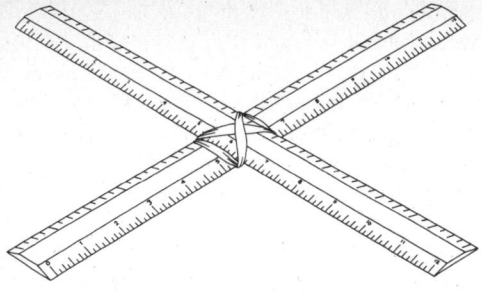

Bild 5: Bumerangs können mehr als zwei Flügel besitzen. Zwei Lineale, die kreuzweise übereinander gelegt und in der Mitte verbunden werden, bilden einen Bumerang.

Zimmer fliegen. Wenn seine Reichweite dafür zu groß ist, muß man die Flügel noch weiter gegeneinander verdrehen. Man kann sie auch über ihre Längsachse wölben und dadurch zu »Tragflächen« umformen. Beim Wurf sollte Ihnen, wie beim zweiflügeligen Bumerang, die gekrümmte Seite zugekehrt sind. Verdrehen und Krümmen der Flügel sind Maßnahmen, die den Auftrieb des Bumerangs vergrößern und dadurch seine Bahn zu einem engen Kreis werden lassen. Wenn Ihnen der Kreis zu eng ist, können Sie die Maßnahmen rückgängig machen. Aber Sie können auch die Masse des Bumerangs erhöhen, indem Sie beispielsweise Büroklammern an die Flügel stecken.

Wenn ein Bumerang zurückkehren soll, muß er zwei Eigenschaften besitzen: Seine Flügel müssen so geformt sein, daß sie ihm aerodynamischen Auftrieb verleihen, und er muß sich schnell drehen, um eine stabile Bahn zu beschreiben. Ohne diese Eigenschaften wäre ein Bumerang nichts anderes als ein Stock.

Der Auftrieb

Das Prinzip des aerodynamischen Auftriebs kann man sich anhand eines Flugzeug-Flügels klarmachen, der folgenden Querschnitt besitzt: eine flache Unterseite, eine abgerundete Stirnkante, eine konvex gekrümmte Oberseite und eine scharfe Hinterkante (Bild 1). Beim Flug streicht die Luft schneller über die Oberseite des Flügels als über seine Unterseite. Um dies zu verstehen, zerlegen wir die am Flügel vorbeiströmende Luft in zwei Anteile (Bild 6). Der eine streicht mit gleicher Geschwindigkeit oberhalb und unterhalb des Flügels vorbei; der andere zirkuliert so um den Flügel, daß er an der

Oberseite dieselbe Richtung und an der Unterseite die entgegengesetzte wie der erste Anteil besitzt. Ursache der Zirkulation ist die Zähigkeit der Luft. Setzt man die beiden Anteile zur Gesamtströmung zusammen, so ergibt sich an der Oberseite des Flügels eine höhere Geschwindigkeit als an der Unterseite. Je schneller die Luft am Flügel vorbeiströmt, um so kleiner ist der Druck, den sie auf ihn ausübt. Daher überwiegt der Druck von unten, und der Flügel erhält »Auftrieb« (Bild 6).

Wenn der Flügel so geneigt ist, daß der Luftstrom verstärkt auf die gekrümmte Oberseite trifft, spricht man von einem negativen Anstellwinkel (Bild 7). Der Auftrieb verringert sich, weil die Strömung einen zusätzlichen Druck auf die Oberseite ausübt. Trifft der Luftstrom verstärkt die flache Unterseite, so liegt ein positiver Anstellwinkel vor (Bild 7). Dabei wird der Auftrieb verstärkt und gleichzeitig der Luftwiderstand des Flügels erhöht. Bei zu großen positiven Anstellwinkeln kann der Luftwiderstand die Vorteile des größeren Auftriebs aufzehren.

Die Flügel eines Bumerangs besitzen üblicherweise denselben Querschnitt wie der Flügel, den wir uns zur Erklärung des Auftriebs

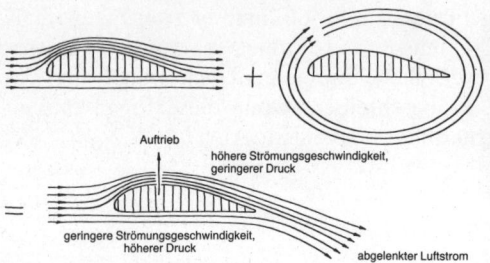

Bild 6: Die Luft, die einen Flügel umströmt, kann in zwei Anteile zerlegt werden. Der eine strömt mit gleicher Geschwindigkeit an der Ober- und Unterseite vorbei (oben links), der andere zirkuliert um den Flügel (oben rechts). Überlagert man beide Anteile (unten), so hat die Strömung an der Oberseite eine höhere Geschwindigkeit als an der Unterseite. Auf die Unterseite wird daher ein höherer Druck ausgeübt – der Flügel bekommt Auftrieb.

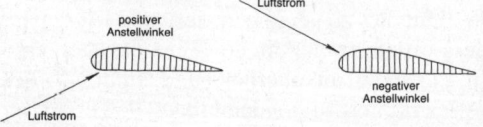

Bild 7: Trifft der Luftstrom den Flügel vorwiegend von unten, so spricht man von positivem Anstellwinkel (links). Dabei nimmt der Auftrieb zu, gleichzeitig wächst aber auch der Luftwiderstand. Bei negativem Anstellwinkel (rechts) ist die Oberseite dem Luftstrom zugewandt. In diesem Fall verringert sich der Auftrieb des Flügels.

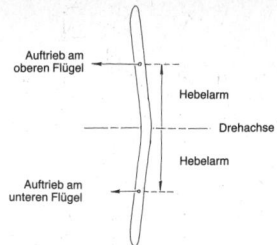

Bild 8: Die Auftriebskräfte eines Bumerangs zeigen in die Richtung seiner Drehachse. Der Auftrieb eines Flügels wird als Kraft dargestellt, die in seinem Schwerpunkt angreift. Sie übt ein Drehmoment auf den Bumerang aus. Da sich der obere Flügel in bezug auf die Luft schneller bewegt als der untere (siehe Bild 4), erfährt er einen größeren Auftrieb.

vorgestellt haben. Gelegentlich trifft man aber auch Ausführungen, bei denen die Flügel auf beiden Seiten flach sind. Hier muß der aerodynamisch ungünstige Querschnitt durch einen sorgfältig gewählten Anstellwinkel ausgeglichen werden.

Zu Beginn des Fluges drehen sich die Flügel eines Bumerangs in einer Ebene, die mehr oder weniger senkrecht steht (Bild 2). Sie erfahren daher Auftriebskräfte in nahezu horizontaler Richtung (Bild 8). Diese Kräfte haben an beiden Flügeln die gleiche Richtung, sind aber verschieden groß. Ein (zweiflügeliger) Bumerang dreht sich auf seinem Flug stets so, daß sich der obere Flügel in Flugrichtung bewegt (Bild 5). Daher strömt die Luft am oberen Flügel schneller vorbei als am unteren, und die Auftriebskraft, die proportional zum Quadrat der Anströmgeschwindigkeit der Luft wächst, ist am oberen Flügel größer als am unteren (Bild 8). Die Auftriebskräfte wirken auf alle Abschnitte des Flügels. Man stellt sie durch einen Kraftpfeil dar, der am Schwerpunkt des Flügels angreift.

Man sollte annehmen, daß die Auftriebskraft die Drehebene des Bumerangs neigt, bis sie waagrecht liegt. In Wirklichkeit passiert etwas anderes: Die Drehebene wandert um eine unsichtbare vertikale Achse. Um das zu verstehen, müssen wir uns etwas genauer mit der physikalischen Beschreibung von Drehbewegungen befassen.

Das Geheimnis der Rückkehr

Der Einfachheit halber wollen wir uns einen zweiflügeligen Bumerang für einen Rechtshänder vorstellen, etwa in der Ausführung, die in Bild 1 gezeigt ist. Er soll mit dem Startwinkel Null weggeschleudert werden. Sein Gewicht wollen wir vernachlässigen. Schaut man in Flugrichtung, so zeigen die Auftriebskräfte, die an den Flügeln horizontal angreifen, nach links (Bild 8). Die Kraft am oberen Flügel möchte den Bumerang gegen den Uhrzeigersinn drehen. Der Auftrieb des unteren Flügels wirkt dem entgegen. Das Bestreben einer Kraft, einen Körper zu drehen, wird durch das Drehmoment gemessen. Man berechnet es als Produkt aus der Größe der Kraft und dem Abstand ihres Angriffspunktes von der Drehachse des Körpers. Beim Bumerang sind die Abstände zwischen der Drehachse und den Angriffspunkten der Auftriebskräfte für beide Flügel gleich, nicht jedoch die Kräfte selbst. Die größere Auftriebskraft am oberen Flügel übt auf den Bumerang das größere Drehmoment aus. Die Drehebene könnte deshalb nach links gekippt werden, wenn sich der Bumerang nicht dagegen »sträuben« würde. Wie jeder Körper, der sich dreht, ist der Bumerang bestrebt, die Orientierung seiner Drehachse beizubehalten. Wie gut das gelingt, hängt von einer Größe ab, die man Drehimpuls nennt.

Der Drehimpuls charakterisiert die Drehrichtung und die Drehgeschwindigkeit eines Körpers. Man kennzeichnet ihn daher durch seine Richtung und seinen Betrag. Die Richtung wird so festlegt (Bild 9, links): Wenn Sie an der rechten Hand wie ein Anhalter den Daumen ausstrecken und die Finger in der Drehrichtung des Gegenstands krümmen, so gibt der Daumen die Richtung des Drehimpulses an.

Um einen Drehimpuls zu ändern, muß man ein Drehmoment aufwenden. Wir wollen uns dazu ein Karussell vorstellen, das sich mit gleichbleibender Geschwindigkeit in einer waagrechten Ebene dreht. Es besitzt einen Drehimpuls, der, je nach Umlaufsinn, senkrecht nach oben oder in den Boden zeigt. Wenn Sie das Karussell weiter antreiben, wird es schneller laufen. In der Sprache der Physiker üben Sie auf das Karussell ein Drehmoment aus und erhöhen dadurch den Betrag des Drehimpulses, ohne dessen Richtung zu ändern. Der neue Drehimpuls wird durch einen senkrecht stehenden Pfeil charakterisiert, der etwas länger als der ursprüngliche ist. Wie ein Drehmoment den Drehimpuls verändert, kann man sich an den Fingern der rechten Hand veranschaulichen: Richten Sie den Zeigefinger vom Mittelpunkt der Drehung zu der Stelle, an der die Kraft angreift, und zeigen Sie mit dem Mittelfinger in die Richtung, in der die Kraft wirkt. Wenn Sie den Daumen senkrecht zu beiden Fingern abspreizen, zeigt er in die Richtung, in der sich der Drehimpuls ändert.

Mit dieser »Drei-Finger-Regel« können wir feststellen, wie das Drehmoment, das der Auftrieb auf den Bumerang ausübt, den Dreh-

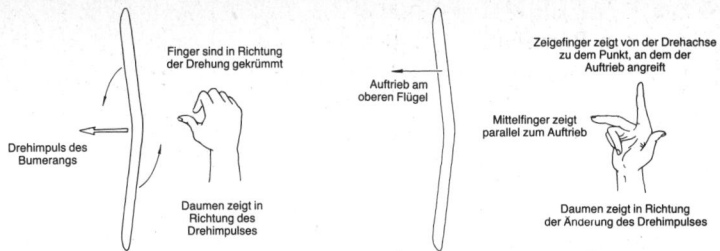

Bild 9: Die Richtung des Drehimpulses ist durch Konventionen festgelegt. Sind die Finger der rechten Hand in der Richtung gekrümmt, in der sich ein Körper dreht, so zeigt der Daumen in die Richtung des Drehimpulses (links). Der Auftrieb des oberen Flügels übt ein Drehmoment aus, das den Drehimpuls des Bumerangs ändert. Mit drei Fingern der rechten Hand kann man die Richtung der Änderung feststellen. Wenn der Mittelfinger in die Richtung des Auftriebs und der Zeigefinger parallel zum oberen Flügel zeigt, dann gibt der senkrecht zu beiden Fingern stehende Daumen die Richtung der Änderung des Drehimpulses an. Sie steht senkrecht zum Drehimpuls.

impuls ändert (Bild 9, rechts). Wenn der Mittelfinger parallel zur Auftriebskraft und der Zeigefinger von der Mitte des Bumerangs in Richtung des oberen Flügels zeigt, ist der Daumen auf den Werfer gerichtet. Der Auftrieb führt somit zu einer Änderung, die gegen die Flugrichtung und senkrecht zur Richtung des Drehimpulses wirkt. Um festzustellen, wie der Drehimpuls nach der Änderung aussieht, schaut man aus der Vogelperspektive auf den fliegenden Bumerang (Bild 10). Der Pfeil, der die Änderung des Drehimpulses beschreibt, wird an der Spitze des ursprünglichen Pfeiles im rechten Winkel angesetzt. Die beiden Pfeile lassen sich durch einen einzigen ersetzen, der den neuen Drehimpuls repräsentiert. Er ist gegenüber dem ursprünglichen Pfeil in Richtung des Werfers gedreht. Da die Änderung in jedem Moment senkrecht am Drehimpuls angreift, kann sich nur seine Richtung, nicht aber seine Größe ändern. Diese Art der Drehung eines Drehimpulses heißt Präzession. Man kann sie an

Bild 10: Der Auftrieb des Bumerangs führt zu einer Änderung des Drehimpulses, die senkrecht zum ursprünglichen Drehimpuls steht (Bild 9). Dadurch beschreibt die Spitze des Pfeils, der den Drehimpuls repräsentiert, einen Kreis. Diese Drehung nennt man Präzession.

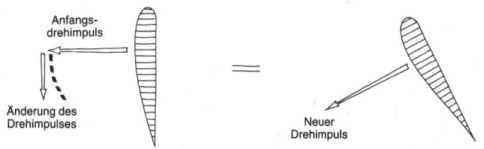

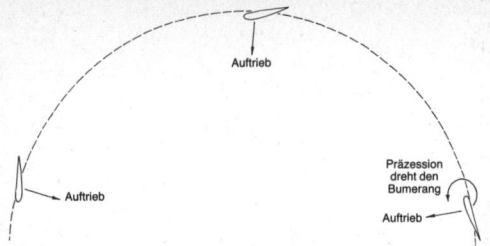

Bild 11: Während des Fluges müssen die Präzessionsgeschwindigkeit und die Bahngeschwindigkeit eines Bumerangs in etwa übereinstimmen. Nur so bleibt der Anstellwinkel (Bild 7) positiv und garantiert ein ausgewogenes Verhältnis zwischen Auftrieb und Luftwiderstand.

einem Spielzeugkreisel beobachten, dessen Drehachse schräg steht und sich ihrerseits um eine unsichtbare senkrechte Achse dreht. Die Präzession der Drehebene krümmt die Flugbahn des Bumerangs und ist der Grund für seine geheimnisvolle Rückkehr.

Ein Bumerang beschreibt allerdings nur dann einen vollständigen Kreis, wenn die Präzessionsgeschwindigkeit seiner Drehebene und die Geschwindigkeit, mit der er seine Kreisbahn durchläuft, in etwa übereinstimmen. Nur so können die Anstellwinkel der Flügel an jeder Stelle der Bahn positiv bleiben (Bild 11). Präzediert die Drehebene zu langsam, wird der Anstellwinkel mehr und mehr negativ, und der Bumerang verliert Auftrieb. Bei zu schneller Präzession gerät die Drehebene bald senkrecht in den Luftstrom und der Luftwiderstand ruiniert den Flug.

Es dürfte Ihnen nicht schwerfallen, eine Übereinstimmung zwischen der Präzessionsgeschwindigkeit und der Bahngeschwindigkeit Ihres Bumerangs zu erreichen. Da beide vom Auftrieb abhängen, stimmen sie ohnehin fast immer überein. Sollten Sie dennoch mit dem Flug Ihres Bumerangs nicht zufrieden sein, müssen Sie weiter feilen und schmirgeln. Ein Patentrezept gegen einen unverbesserlich schlecht fliegenden Bumerang gibt es nicht.

Der Radius der Kreisbahn, die ein Bumerang beschreibt, wird ausschließlich vom Profil seiner Flügel und von der Verteilung seiner Masse bestimmt. Sie können die Bahn daher nicht verändern, indem Sie mit unterschiedlicher Kraft werfen, sondern nur, indem Sie Ballast an den Flügeln anbringen. Diese Technik wenden Bumerangwerfer an, die Entfernungsrekorde erzielen wollen. Im nächsten Beitrag werde ich darauf eingehen.

Flugtests mit Bumerangs:
Aerodynamik und Reichweite

Im vorangehenden Beitrag »Bumerangs zum Selbermachen« haben wir erfahren, warum ein Bumerang zum Werfer zurückkehrt. Jetzt wollen wir uns zuerst mit einigen Besonderheiten der Gestalt und des Fluges beschäftigen und danach mit dem Bumerang experimentieren.

Interessanterweise besitzen einige ältere australische Bumerangs eine rauhe Oberfläche. Erreichen sie damit eine größere Flugweite? Auf den ersten Blick sieht dieser Gedanke nicht sehr vernünftig aus: Die Reibung zwischen der Oberfläche des Bumerangs und der vorbeiströmenden Luft sollte sich verstärken und die Fluggeschwindigkeit herabsetzen. In Wirklichkeit ist das Gegenteil der Fall. Ein Bumerang mit rauher Oberfläche fliegt besonders weit. Warum?

Der rauhe Golfball

Golfbälle waren ursprünglich glatt, bis man merkte, daß ein Ball, der durch häufiges Spielen Narben und Schrammen bekommen hatte, weiter flog als ein glatter Ball. Daraufhin versah man die Bälle mit Grübchen und stellte fest, daß ein genarbter Golfball mehr als viermal so weit fliegt wie ein glatter Ball.

Wieso verändern Grübchen die Flugeigenschaften des Golfballs? Die Erklärung liegt im Verhalten der Luft, die den Ball umströmt.

Wir stellen uns vor, die bewegte Luft bestünde aus dünnen, parallelen Schichten. Wie jede Flüssigkeit besitzt auch die Luft eine Zähigkeit, die als Reibung in Erscheinung tritt, wenn sich zwei Luftschichten gegeneinander verschieben, oder wenn eine Luftschicht über die Oberfläche eines Gegenstandes gleitet. Direkt an der Oberfläche bewegt sich die Luft in bezug auf den Gegenstand überhaupt nicht, da sie durch die Reibung festgehalten wird. Mit zunehmendem Abstand von der Oberfläche wächst die Geschwindigkeit der Luft und erreicht in den Schichten, die durch die Reibung mit dem Gegenstand nicht mehr beeinflußt werden, ihren maximalen Wert. Man bezeichnet die Luftschicht zwischen der Oberfläche des Gegenstandes und der Höhe, in der die Reibung vernachlässigt werden kann, als Grenzschicht. Der Schlüssel zum Verständnis des Fluges von Golfbällen und Bumerangs mit aufgerauhten Oberflächen liegt in der Bewegung der Luft in der Grenzschicht.

Um die Strömung zu verfolgen, betrachten wir die Bewegung kleiner abgegrenzter Luftvolumina, die wir Luftelemente nennen. Stellen Sie sich zwei solche Elemente vor, von denen eines innerhalb und eines außerhalb der Grenzschicht liegt. Im Hochdruckbereich vor der Stirnkante der Tragfläche eines Flugzeugs (Bild 1) werden beide Luftelemente zunächst abgebremst und dann auf Grund des Druckunterschiedes zwischen Vorderkante und Oberseite zur Mitte des Flügels beschleunigt. Das in der Grenzschicht befindliche Element spürt dabei die Zähigkeit der Luft und bewegt sich daher langsamer über die Oberseite des Flügels als das Element außerhalb der Grenzschicht. Auf dem Weg zur Hinterkante geraten beide Elemente wieder in ein Gebiet hohen Drucks, in dem sie abgebremst werden. Das Element außerhalb der Grenzschicht erreicht wieder die Geschwindigkeit, die es hatte, als es sich dem Flügel näherte. Das Element innerhalb der Grenzschicht verhält sich anders. Um das zu verstehen, betrachten wir zwei Luftelemente innerhalb und außerhalb der Grenzschicht auf der Unterseite des Flügels: Das Element außerhalb der Grenzschicht bewegt sich ähnlich wie sein Pendant oberhalb des Flügels. Das Element innerhalb der Grenzschicht wird in der Nähe der Hinterkante auf Grund des Druckunterschiedes zwischen Ober- und Unterseite um die Kante herum von unten nach oben beschleunigt und zur Mitte der Oberseite geführt. Dort kommt ihm von vorn das in der Grenzschicht der Oberseite wandernde Luftelement entgegen, so daß sich schließlich beide Elemente vom Flügel ablösen. An einer bestimmten Stelle der Oberseite des Flügels wird also ständig ein Teil der Grenzschicht weggedrückt. Dieser Effekt, der zum Luftwiderstand eines Flügels beiträgt, heißt Grenzschichtablösung.

Bild 1: An den Vorder- und Hinterkanten eines Flügels mit stromlinienförmigem Querschnitt herrscht hoher Druck. An der Oberseite ist der Druck relativ niedrig, an der Unterseite ist er hoch. Unmittelbar über der Oberseite des Flügels wird die Luft zunächst vom Hoch- zum Tiefdruckgebiet beschleunigt und dann wieder abgebremst. Im abgelenkten Luftstrom hinter dem Flügel ist der Druck kleiner als an der Stirn- und Hinterkante.

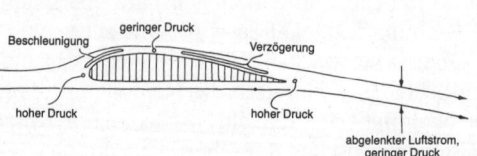

Ein Teil des Luftwiderstandes stammt aus der Reibung zwischen der Oberfläche des Flügels und der vorbeifließenden Luft. Man kann diesen Beitrag als Reibungswiderstand bezeichnen. Der andere Teil ergibt sich – wie gezeigt – aus dem Druckunterschied zwischen der Vorder- und Hinterkante der Tragfläche. Dieser ist meistens so klein, daß es genügt, den Reibungswiderstand allein zu berücksichtigen. Der Luftwiderstand aus dem Druckunterschied kann jedoch auch größer werden als der Reibungswiderstand. Dieser Fall tritt

Bild 2: Wenn an der Oberseite eines Flügels in der Nähe der Hinterkante ein niedrigerer Druck herrscht als an der Unterseite, kann die Luft von der Unterseite um die Kante herum nach oben gezogen werden. Sie läuft dann der an der Oberseite nach hinten strömenden Luft entgegen, und beide Luftmassen lösen sich vom Flügel ab.

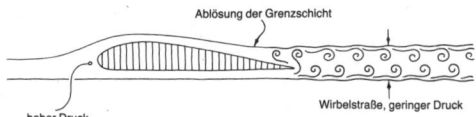

Ablösung der Grenzschicht

Wirbelstraße, geringer Druck

hoher Druck

Dieser Effekt heißt Grenzschichtablösung. Er liefert einen bedeutenden Beitrag zum Luftwiderstand und ist um so größer, je früher sich die Grenzschicht ablöst. Unmittelbar hinter dem Flügel beginnt eine Wirbelstraße, in der ein niedriger Druck herrscht.

Bild 3: Ein glatter Golfball ist aerodynamisch gesehen ein stumpfer Gegenstand, von dem sich die Grenzschicht früh ablöst (oben). Hinter dem Ball entsteht eine breite Wirbelstraße, in der der Druck sehr niedrig ist. Das hohe Druckgefälle zwischen Vorder- und Hinterseite erzeugt einen großen Luftwiderstand. Die Grübchen in der Oberfläche eines Golfballes (unten) erhöhen zwar die Reibung zwischen dem fliegenden Ball und der Luft, aber sie führen gleichzeitig zur Bildung einer turbulenten Luftschicht, die sich

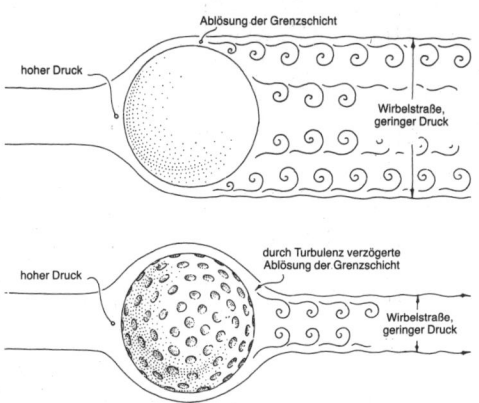

Ablösung der Grenzschicht

hoher Druck

Wirbelstraße, geringer Druck

durch Turbulenz verzögerte Ablösung der Grenzschicht

hoher Druck

Wirbelstraße, geringer Druck

wesentlich später vom Ball ablöst. In der nunmehr engen Wirbelstraße hinter dem Ball ist der Druck größer als in der Wirbelstraße des glatten Balles, und der rauhe Ball weist zwischen Vorder- und Hinterseite einen geringeren Druckunterschied auf. Trotz des höheren Reibungswiderstandes besitzt daher ein genarbter Golfball insgesamt einen kleineren Luftwiderstand als ein glatter Golfball und fliegt ungefähr viermal weiter als dieser.

ein, wenn sich die Grenzschicht früh von der Oberfläche ablöst und hinter der Tragfläche eine breite Wirbelstraße bildet (Bild 2). Der Druck in diesem Turbulenzbereich liegt zwischen dem niedrigen Druck an der Oberseite und dem hohen Druck an der Stirnkante. Je früher sich die Grenzschicht von der Oberseite ablöst, um so stärker ist der Widerstand, der sich aus diesem Druckunterschied ergibt, denn bei einer frühen Ablösung ist die Wirbelstraße breit und der Druck in ihr klein.

Ein glatter Golfball ist aerodynamisch gesehen ein stumpfer Gegenstand, von dem sich die Grenzschicht früh ablöst (Bild 3, oben). Die Grübchen der heute gebräuchlichen Golfbälle erhöhen zwar den Reibungswiderstand der Oberfläche, aber sie erzeugen auch eine turbulente Schicht, in der ständig Luft von innerhalb und außerhalb der Grenzschicht vermischt wird. Das hat zur Folge, daß sich die Grenzschicht nicht wesentlich langsamer bewegt als die umgebende Luft und daher nicht so leicht abgebremst werden kann. Eine solche Grenzschicht wird sich erst spät ablösen, so daß hinter dem Ball nur eine schmale Wirbelstraße entsteht (Bild 3, unten). Trotz seines höheren Reibungswiderstandes besitzt der genarbte Golfball daher insgesamt einen kleineren Luftwiderstand als der glatte Ball.

Die Grenzschicht am Flügel eines Bumerangs löst sich in ähnlicher Weise ab wie die Grenzschicht an der Tragfläche eines Flugzeuges, das mit mäßiger Geschwindigkeit fliegt. Die Tragflächen eines Flugzeuges haben Stromlinienform, das heißt, sie sind so gestaltet, daß sie das vorzeitige Ablösen der Grenzschicht verhindern. Wenn die Luft in der Grenzschicht über die Oberseite nach hinten strömt, trifft sie auf zunehmenden Druck, der sie anzuhalten droht und damit ihre Ablösung ermöglicht. Ist der Weg zur Hinterkante kurz, so steigt der Druck schnell an, und eine Ablösung ist nicht zu vermeiden. Läßt man Ober- und Unterseite dagegen am hinteren Ende der Tragflächen spitz zusammenlaufen, so hat man einen längeren Weg, erreicht einen langsameren Druckanstieg und verzögert damit die Ablösung der Grenzschicht.

Um die Flugweite eines Bumerangs zu erhöhen, kann man seinen Flügeln also Stromlinienform geben, man kann sie aufrauhen, oder man kann sie mit Grübchen versehen. Ob und wieviel diese Maßnahmen helfen, muß im Einzelfall das Experiment zeigen.

Warum ist ein Stock kein Bumerang?

Sie haben sich vielleicht schon gefragt, warum ein Bumerang so kompliziert geformt sein muß. Die Antwort lautet: Ein gerader Stock flöge selbst dann nicht wie ein Bumerang, wenn er auf einer Seite gewölbt und auf der anderen abgeflacht wäre, denn er könnte niemals eine stabile Drehbewegung ausführen.

Was damit gemeint ist, wird deutlich, wenn Sie sich ein Buch vorstellen, das durch ein starkes Gummiband verschlossen ist. Wirft man das Buch in die Luft und versetzt es dabei in eine leichte Drehung, so kann es um die drei in Bild 4 gezeigten Achsen A, B oder C rotieren, die man Hauptachsen nennt. Während Drehungen um A oder B stabil sind, wird das Buch bei einer Drehung um C torkeln.

Die Drehungen um die drei Hauptachsen sind durch unterschiedliche Trägheitsmomente charakterisiert. Die Größe eines Trägheitsmoments hängt davon ab, wie sich die Masse eines Körpers relativ zu seiner Drehachse verteilt. Von der Achse A aus sind die Entfernungen zu allen Rändern des Buches am kleinsten. Die Masse des Buches liegt also in der Nähe der Achse, und bei der Drehung um A entsteht das kleinste Trägheitsmoment. Andererseits hat die Drehung um B das größte Trägheitsmoment, weil die Masse des Buches hier den größtmöglichen Abstand von der Achse hat. Die Rotation um C führt auf ein Trägheitsmoment mit einem dazwischenliegenden Wert und ist instabil.

Bild 4: Ein Buch, das mit einem starken Gummiband verschlossen ist, eignet sich gut, um die Stabilität von Drehbewegungen zu demonstrieren. Bei einer Drehung um die Achse A befindet sich die Masse des Buches so nah wie möglich an der Drehachse; das Trägheitsmoment ist hier am kleinsten. Bei einer Drehung um B liegt das andere Extrem vor. In beiden Fällen sind die Rotationen stabil, das heißt, nach kleinen Störungen nimmt die Drehachse wieder ihre ursprüngliche Lage ein. Ein gerader Stock, der wie ein Bumerang geworfen wird, ist mit einem Buch vergleichbar, das sich um die Achse C dreht. In diesem Fall werden kleine Störungen verstärkt, und das Buch beginnt zu torkeln. Eine solche Rotation nennt man instabil. Der bananenförmige Bumerang rotiert um eine stabile Achse.

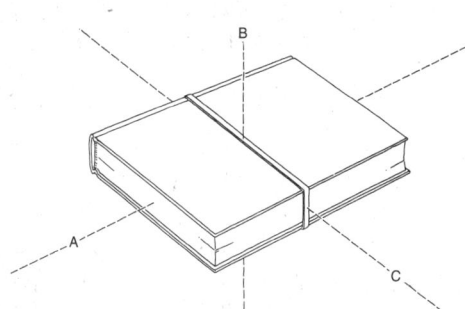

Die Stabilität einer Drehung hängt davon ab, wie sich die zu einer Hauptachse parallele Komponente des Drehimpulsvektors bei kleinen Störungen verhält. Wird der zur Hauptachse A oder B parallele Drehimpulsvektor ein wenig aus seiner Richtung gedreht, so kehrt er schnell in seine Ausgangsstellung zurück. Dreht man das Buch dagegen um die Achse C, so wird jede noch so kleine Störung verstärkt, und das Buch beginnt zu »torkeln«.

Stimmen zwei Trägheitsmomente eines Gegenstandes ungefähr überein, so ist die Rotation um beide Achsen instabil.

Der bananenförmige Bumerang (Bild 5) rotiert um die Achse, zu der das größte Trägheitsmoment gehört. Seine Rotation und sein Flug sind stabil. Bei einem geraden Stock dagegen ist das größte Trägheitsmoment beinahe gleich dem nächst kleineren. Er muß daher torkeln, könnte niemals seinen günstigsten Anstellwinkel behalten und bekäme keinen Auftrieb. Ein gerader Stock besitzt somit nicht einmal die wichtigsten Eigenschaften eines Bumerangs.

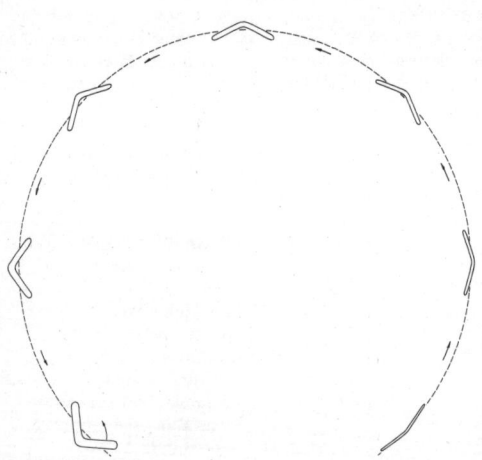

Bild 5: Während eines Rundfluges dreht sich die Rotationsebene des Bumerangs aus ihrer anfänglich senkrechten Stellung in eine waagrechte Lage. Für dieses »Flachlegen« ist ein Drehmoment verantwortlich, das auf Grund unterschiedlicher Auftriebskräfte am führenden und am nachlaufenden Flügel entsteht (siehe dazu Bild 6). Da die Reibung mit der Luft die Rotation des Bumerangs im Lauf des Fluges bremst, verringert sich die nach oben gerichtete Komponente des Auftriebs, die das Gewicht des Bumerangs kompensiert. Es wird also ein immer größerer Anteil des Auftriebs benötigt, um den Bumerang gegen die Schwerkraft in der Luft zu halten. Rotiert der Bumerang gegen Ende seines Fluges in einer waagrecht liegenden Ebene, so ist der gesamte Auftrieb nach oben gerichtet.

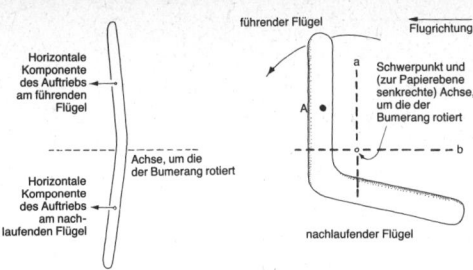

Bild 6: Das »Flachlegen« des Bumerangs hat seine Ursache in der unterschiedlichen Größe der horizontalen Komponenten des Auftriebs, die am führenden und am nachlaufenden Flügel angreifen (links). Die Differenz der beiden Auftriebskräfte wird am führenden Flügel im Punkt A wirksam. Da A auf keiner der beiden Achsen a und b liegt, die durch den Schwerpunkt des Bumerangs gehen, muß die in A angreifende Kraft (sie steht senkrecht auf der Papierebene) die Ebene, in der der fliegende Bumerang rotiert, um beide Achsen drehen (vergleiche dazu die Bilder 9 und 10 des vorangegangenen Beitrages).

Das »Flachlegen«

Beim Flug eines normalen Bumerangs dreht sich die Ebene, in der das Wurfgerät rotiert, aus der anfänglich nahezu vertikalen in eine horizontale Stellung. Diese Neigung, sich flachzulegen, ist für die Flugdauer des Bumerangs entscheidend: Zu Beginn des Fluges dreht sich ein Bumerang so schnell, daß selbst bei einer nur wenig gegen die Vertikale geneigten Rotationsebene genügend nach oben gerichteter Auftrieb entsteht, der den Bumerang gegen die Erdanziehung in der Luft hält. Der Luftwiderstand bremst die Rotation des Bumerangs aber allmählich, so daß der Auftrieb an den Flügeln abnimmt. Die nach oben gerichtete Auftriebskomponente kann während des Fluges ihre Größe nur behalten, wenn sich der Bumerang allmählich flachlegt, bis schließlich – bei horizontal liegender Drehebene – der gesamte Auftrieb nach oben weist (Bild 5).

Das »Flachlegen« hat folgende Ursachen: Wenn sich ein Flügel in bezug auf den Schwerpunkt des Bumerangs nach vorn bewegt, durchschneidet er den Luftstrom und lenkt ihn ab. Der nachlaufende Flügel trifft nicht mehr auf ungestörte Luft und erfährt daher auch nicht den gleichen Auftrieb wie der führende Flügel (Bild 6). Der Unterschied zwischen den horizontalen Komponenten der Auftriebskräfte erzeugt ein Drehmoment, das die Lage der Ebene verändert, in der der Bumerang rotiert. In Bild 6 blickt man links auf die Kante des fliegenden Bumerangs. Rechts sieht man ihn von der Seite. Der mit dem Buchstaben A markierte Punkt im führenden Flügel kennzeichnet die Stelle, an der die Differenz der beiden im linken Bildteil gezeigten Auftriebskräfte wirksam wird. Der Pfeil, der die Kraft symbolisiert, steht auf A senkrecht. A liegt auf keiner der beiden durch den Schwerpunkt des Bumerangs laufenden Achsen a und b. Folglich muß die in A angreifende Auftriebskraft die Ebene, in der der Bumerang rotiert, während des Fluges um beide Achsen drehen. Die Drehung um die Achse a haben wir im Beitrag »Bumerangs zum Selbermachen« besprochen – sie läßt den Bumerang zum Werfer zurückkehren. Die Drehung um b legt den Bumerang flach und sorgt dafür, daß er in der Luft bleibt, obwohl sich seine Rotation allmählich verlangsamt.

Der Flug eines Bumerangs, der sich nicht flachlegt, ist kurz, da die Geschwindigkeit bald zu klein wird, um genügend nach oben gerichteten Auftrieb zu liefern. Wenn sich ein Bumerang so schnell flachlegt, daß er schon auf halbem Weg in einer horizontalen Ebene rotiert, kann die Drehebene wieder in die vertikale Lage zurückkehren. Der Bumerang fliegt dann eine Kurve in der entgegengesetzten Richtung und kehrt auf einer Bahn zum Werfer zurück, die die Form einer Acht hat.

Geradeaus fliegender Bumerang

Ist es schon schwierig, einen Bumerang zu bauen, der zurückkehrt, so kostet es noch mehr Mühe, einen geradeaus fliegenden Bumerang herzustellen. Ein solches Gerät darf nämlich so gut wie keinen horizontalen Auftrieb haben, während genügend vertikaler Auftrieb vorhanden sein muß, damit es gegen die Schwerkraft in der Luft bleibt. Man reduziert den horizontalen Auftrieb, indem man die Flügel so in sich verdreht, daß sie an den äußeren Enden negative und innen positive Anstellwinkel haben. Auch der vertikale Auftrieb wird auf diese Weise etwas vermindert. Ein solcher Bumerang wird so geworfen, daß seine Rotationsebene beinahe waagrecht liegt. Wirft man ihn wie einen normalen Bumerang mit einem Startwinkel von etwa siebzig Grad, so bewirkt die kleine noch vorhandene horizontale Auftriebskraft, daß er zur linken Seite des Werfers fliegt und sich allmählich flachlegt. Dreht sich die Rotationsebene weiter, fliegt der Bumerang nach rechts. Da die Flugbahn in diesem Teil nicht mehr geradlinig ist, muß der Werfer seinen Bumerang genau kennen, wenn er ein entferntes Ziel treffen will.

Experimente

Es gibt zahlreiche Abhandlungen, in denen der Flug und die Rückkehr eines Bumerangs erklärt werden, aber viele davon beruhen
nicht auf experimentellen Beobachtungen und enthalten daher feh-
lerhafte Angaben. 1975 hat sich Felix Hess in Holland in seiner
Doktorarbeit mit dem Bumerang beschäftigt (siehe Literaturverzeichnis). Er hat nahezu alle älteren Schriften zusammengestellt und
eigene experimentelle und theoretische Studien beschrieben. Außerdem enthält die Dissertation mit dem Computer simulierte Flugbahnen in dreidimensionaler Darstellung, die der Leser durch eine
beigefügte stereoskopische Brille betrachten kann. Allerdings
konnte auch Hess nicht alle Faktoren, die den Flug beeinflussen,
einzeln untersuchen und ihre optimalen Werte festlegen. Der Amateur kann daher immer noch viel zum Verständnis des Bumerang-
fluges beitragen.

Wenn Sie den Flug Ihres Bumerangs systematisch untersuchen
wollen, stehen Sie vor dem Problem, Flugbahn und Fluggeschwindigkeit zu messen. Mit Hilfe von mehreren Beobachtern, die Sie entlang der Flugbahn aufstellen, läßt sich die Entfernung recht genau
feststellen. Wenn Sie außerdem den Winkel messen, unter dem Sie
den Bumerang in seiner höchsten Position sehen, können Sie auch
die Höhe berechnen. Besser ist es jedoch, die Flugbahn zu photographieren. Bringt man am Bumerang ein Licht an und wirft ihn bei
Dunkelheit, während der Verschluß des Photoapparates offensteht,
so bildet sich die Bahn des Bumerangs als Lichtspur ab. Mit nur
einer Kamera ist es jedoch schwer, die dreidimensionale Bahn zu
rekonstruieren. Auch wenn Sie zwei Apparate aufstellen und die Bahn
aus verschiedenen Richtungen photographieren, werden Sie Schwierigkeiten haben, die Bilder auszuwerten. Am besten photographieren Sie den beleuchteten Bumerang mit einer Stereokamera. Sie erhalten dann zwei Photographien, die Sie mit einem Stereoskop als
dreidimensionales Bild betrachten können.

Hess hat seine Bumerangs beleuchtet, indem er Batterien und
einen elektrischen Oszillator in den Flügeln versenkte und sie mit
einer kleinen Glühlampe verband. Die Batterien und der Oszillator
müssen möglichst nah am Schwerpunkt des Bumerangs liegen, damit
sich das Trägheitsmoment so wenig wie möglich ändert. Statt dieser
elektrischen Ausrüstung genügt manchmal auch eine lang brennende
Wunderkerze.

So können Sie beispielsweise die folgenden Fragen untersuchen:

Wie hängen Länge und Höhe der Flugbahn oder die Dauer eines Fluges vom Startwinkel und von der Orientierung zur Windrichtung ab? Wie ändert sich der Flug, wenn man die Rotations- oder die Fluggeschwindigkeit variiert? Wie werden die Flugeigenschaften durch Form und Gewicht des Bumerangs beeinflußt? Ich wäre besonders interessiert, zu erfahren, ob es immer vorteilhaft ist, den Flügeln einen stromlinienförmigen Querschnitt zu geben. Sollten die Flügelenden spitz zulaufen oder abgerundet sein? Sollte der Bumerang in der Mitte schmal und an den Flügelenden breiter sein? Wie ändert sich der Flug, wenn die Stirnkante scharf statt stumpf ist?

Auch zu der Frage, ob eine rauhe oder eine glatte Oberfläche günstiger ist, sollten Sie einige Experimente anstellen. Anstatt Löcher oder Rillen in den Bumerang zu schneiden, bringen Sie am besten ein beidseitig klebendes Band an. Möglicherweise erzeugt schon das Band allein eine turbulente Grenzschicht. Ganz sicher erreichen Sie das jedoch, wenn Sie etwas Sand auf das Band streuen.

Schließlich können Sie versuchen, den Bumerang-Weitwurf-Weltrekord von 97 Metern zu übertreffen. Im »Guinness Buch der Rekorde« würden Sie dann Herb A. Smith vom ersten Platz verdrängen. Die Reichweite eines Bumerangs läßt sich übrigens erheblich steigern, wenn man die Enden seiner Flügel beschwert. Smith schlägt vor, bis zu einem Drittel des Bumeranggewichtes als Ballast in Form von Bleistückchen in Löchern anzubringen, die etwa 2,5 Zentimeter vom Ende der Flügel entfernt sind. Dadurch vergrößert sich der Drehimpuls des Bumerangs und mithin die Stabilität seiner Flugbahn.

Ballett:
Tanzkunst und angewandte Physik

Ballett fasziniert durch die Anmut und Schönheit der tänzerischen Bewegungen. Daß die Tänzer dabei den physikalischen Gesetzen der Statik, Kinematik und Dynamik unterliegen, interessiert sicherlich die meisten Zuschauer nur am Rande. Ganz anders verhält es sich bei Professor Kenneth Laws, Physiklehrer am Dickinson College und Schüler des Central Pennsylvania Youth Ballet. Und auf seine Erkenntnisse und Erfahrungen stütze ich mich weitgehend, wenn ich in diesem Beitrag darangehe, einige Posen und Bewegungsabläufe des klassischen Balletts vom physikalischen Standpunkt aus zu beschreiben und zu analysieren.

Oberstes Gebot: Gleichgewicht halten

Das Grundtraining zielt zu einem großen Teil darauf ab, den Ballettelevinnen beizubringen, wie sie die Figuren anmutig ausführen können, ohne das Gleichgewicht zu verlieren. (Eleven bevölkern die Ballettschulen bei weitem nicht so zahlreich, so daß hier überwiegend vom weiblichen Geschlecht die Rede sein wird.) Eine Tänzerin ist immer dann im Gleichgewicht, wenn sich ihr Körper in der richtigen Position über der Standfläche befindet. Doch was heißt hier »richtig«?

Die Schwerkraft »zieht« natürlich an allen Teilen des Körpers, doch hilft uns der berühmte Schwerpunkt, das Bild zu vereinfachen. In ihm denkt man sich die gesamte Masse vereinigt, und so ist er der mathematische Angriffspunkt der Schwerkraft. Seine Position wird durch die tatsächliche Verteilung der Massen innerhalb des Körpers bestimmt. Liegt nun der Schwerpunkt nicht über der Standfläche, so erzeugt die Schwerkraft ein Drehmoment. Unter einem Drehmoment versteht man in der Physik das Produkt aus einer Kraft und dem zugehörigen Hebelarm. In Bild 1 sind diese Größen eingezeichnet, und man sieht, wie die Schwerkraft den schräg stehenden menschlichen Körper um die Füße herumzudrehen und zu Fall zu bringen sucht. Je schiefer die Lage, desto länger der Hebelarm und

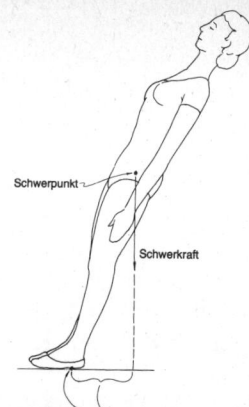

Bild 1: Wie die Schwerkraft an einem kippenden Körper angreift und ein Drehmoment erzeugt, das sich aus dem Produkt von Kraft und zugehörigem Hebelarm errechnet.

desto größer das Drehmoment. Steht die Tänzerin jedoch aufrecht, wird die Länge des Hebelarms (und damit das Drehmoment) gleich Null. Ihr Körper ist dann im Gleichgewicht.

Zur routinemäßigen Ausbildung einer Ballettelevin zählen Übungen, die schrittweise das Gefühl für Gleichgewicht trainieren sollen. So lernt sie die *arabesque* (Bild 2) zunächst in einer einfachen Form, der ersten *arabesque à terre,* und erst später die erste *arabesque penchée.* Bei der *arabesque à terre* stellt die Tänzerin ihr rechtes Bein etwas nach vorn, belastet es und nimmt dann ihr linkes Bein zurück, wobei die Zehenspitzen noch den Boden berühren. Der rechte Arm zeigt nach vorn, der linke leicht nach hinten. Beim Zurücksetzen des linken Beines wandert nun der Schwerpunkt hinter die Standfläche des rechten Beins. Um nicht nach hinten zu kippen oder die Zehen des linken Fußes zu belasten, muß sich die Tänzerin etwas nach vorn lehnen und den rechten Arm ausstrecken. Die Bewegung erfüllt einen doppelten Zweck: Sie hilft das Gleichgewicht zu halten und sieht außerdem anmutig aus.

Wird das linke Bein abgespreizt und der Rumpf samt rechtem Arm mehr in die Horizontale gekippt, so spricht man von einer *arabesque allongée.* Bei der *arabesque penchée* neigen sich schließlich Rumpf und rechter Arm nach unten, während das linke Bein 45 Grad oder mehr schräg nach oben ragt. Während des gesamten Bewegungsablaufs müssen sich die Massenverlagerungen nach vorn (durch Rumpf und Arm) mit denen nach hinten (durch das abge-

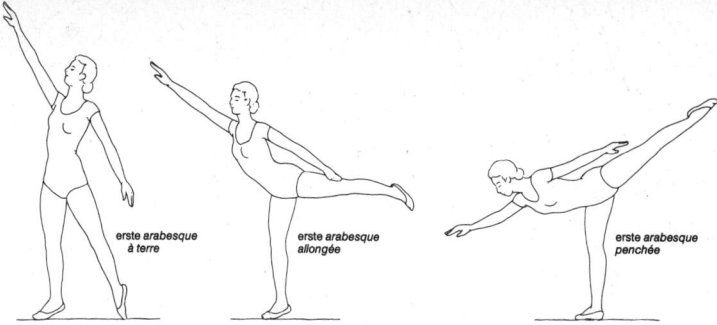

Bild 2: Die drei Formen der *arabesque*.

Bild 3: *Grand jeté* – ein »schwebender« Sprung.

spreizte Bein) die Waage halten, also aufheben. Nur dann bleibt der Schwerpunkt der Tänzerin über der Fußfläche des rechten Standbeins, und sie behält ihr Gleichgewicht.

Schweben und Drehen

Was ein Ballett so reizvoll macht, ist zum Teil auch die Illusion, die Gesetze der Physik wären hier für Augenblicke aufgehoben. Ein Beispiel dafür liefert der als *grand jeté* bezeichnete Vorwärtssprung (Bild 3). Eine gute Tänzerin scheint in der oberen Flugphase gleichsam zu schweben – eine optische Täuschung, zu der nach Laws zwei Umstände beitragen. Da ist einmal die aus der Physik des »schiefen

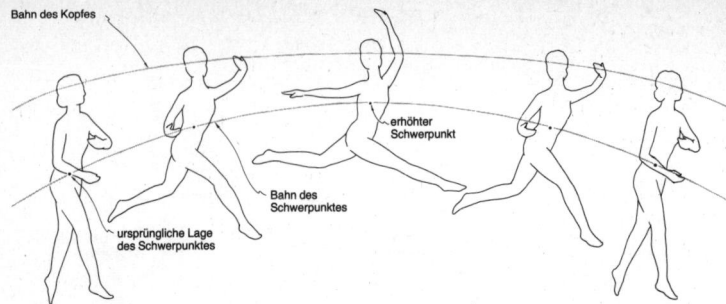

Bild 4: Wie sich der Schwerpunkt durch das Anheben und Spreizen von Armen und Beinen verlagert.

Bild 5: Der Drehsprung *jeté en tournant.*

Wurfs« bekannte Tatsache, daß die horizontale Geschwindigkeitskomponente des Flugkörpers – sprich der Ballerina – unverändert bleibt, die vertikale Komponente dagegen im Scheitelpunkt auf Null zurückgeht. In diesem Bereich fliegt die Tänzerin also langsamer. Das hat zur Folge, daß sie sich während ihres Sprungs zur Hälfte der Zeit im obersten Viertel ihrer maximalen Sprunghöhe aufhält.

Was den Eindruck des Schwebens noch verstärkt, ist ein Bewegungselement, das die Flugbahn am Scheitel abflachen läßt. Wie in Bild 4 zu sehen, hebt die Ballerina ihre Arme bei Annäherung an den Scheitel an, während sie gleichzeitig ihre Beine spreizt. Beide Bewegungen verschieben den Schwerpunkt nach oben. Da dieser der einmal eingeschlagenen Flugbahn folgt, können sich Rumpf und Kopf weniger hoch über den Boden erheben als im ungestörten Flug. Nachdem der Scheitelpunkt durchlaufen ist, bringt die Tänzerin Arme und Beine wieder in die ursprüngliche Stellung. Dadurch geht der Schwerpunkt in seine alte Lage zurück, Rumpf und Kopf werden nun etwas angehoben und nähern sich dem Boden langsamer.

Bei dem Drehsprung *jeté en tournant* (Bild 5) bewegt sich die Tänzerin beim Absprung scheinbar überhaupt nicht um ihre vertikale Achse, vor dem Scheitelpunkt aber beginnt sie sich zu drehen. Wie ist das möglich, wo doch ein grundlegender Erhaltungssatz der Physik fordert, daß der Drehimpuls eines abgeschlossenen Systems – also auch der Drehimpuls der Ballerina während des Sprungs – unveränderlich konstant bleibt und nur durch ein von außen einwirkendes Drehmoment beeinflußt werden kann? Des Rätsels Lösung: Die Tänzerin erhält beim Absprung tatsächlich einen Drehimpuls. Einem scharfen Beobachter würde vielleicht auffallen, daß sie sich so abstößt, daß ein Drehmoment entsteht. Der daraus resultierende Drehimpuls ist nun selbst wieder das Produkt zweier Größen: des Trägheitsmoments und der Winkelgeschwindigkeit. Die Körperhaltung beim Absprung sorgt für ein großes Trägheitsmoment und damit für eine kleine Winkelgeschwindigkeit, was wiederum eine nur unmerkliche Drehung zur Folge hat. Beim Aufsteigen legt die Tänzerin ihre Arme an und schließt ihre Beine, um das Trägheitsmoment zu verkleinern. Weil der Drehimpuls aber konstant bleiben muß, wächst die Winkelgeschwindigkeit, und der Körper rotiert um seine Achse. Sicher haben Sie das gleiche schon bei einer Eiskunstläuferin beobachtet, die sich zunächst mit ausgebreiteten Armen dreht, dann aber wie ein Kreisel zu wirbeln beginnt, wenn sie die Arme heranzieht.

Doch nun zur Ausführung des *jeté en tournant*. Die Tänzerin setzt dazu aus der sogenannten fünften Position an. Dabei stehen ihre Füße antiparallel auswärts, jede Ferse den Zehen des anderen Fußes benachbart. Die Ballerina läßt dann den linken (vorderen) Fuß nach links gleiten, geht schnell in eine *arabesque* über und beugt das linke Knie zum sogenannten *demi-plié*. Jetzt bringt sie ihr rechtes Bein rasch vor das linke, mit dem sie sich gleichzeitig schräg aufwärts vom Boden abstößt. Beim Absprung sind die Arme und ein Bein vom Körper abgespreizt, um das Trägheitsmoment – wie geschildert – groß zu halten. Die Tänzerin landet schließlich auf dem rechten Bein im *demi-plié*. Ihr Gesicht sollte jetzt den Zuschauern zugewandt sein. Um dies zu erreichen, muß sie Sprungtechnik und Trägheitsmoment zu nutzen wissen, was einige Übung erfordert.

Ein ebenso schöner, aber schwieriger Sprung ist der *grand jeté en tournant entrelacé* (Bild 6), der auch *grand jeté en tournant* oder kurz

Bild 6: Der Drehsprung *jeté en tournant entrelacé.*

tour jeté genannt wird. Zu Beginn, mit dem rechten Bein im *demi-plié*, spreizt die Tänzerin ihr linkes Bein leicht (etwa 45 Grad) zur Seite und setzt es als Standbein zurück, bevor sie das rechte nach oben und im Bogen nach links vorn hinüberschwingt, wobei ihr Körper der Bewegung folgt. Sie springt links ab und dreht sich nun in der Luft um eine Achse, die gegen die Vertikale geneigt ist. Dabei werden die Arme dicht an die Drehachse über den Kopf gehoben und das linke Bein so an das rechte herangeführt, daß sich beide um diese Achse bewegen. Die Ballerina landet dann auf dem rechten Bein und beendet den Sprung mit einer ersten *arabesque*.

Während des Sprungs erreicht sie eine hohe Winkelgeschwindigkeit, weil das Trägheitsmoment klein wird, sobald sich Arme und Beine entlang der Drehachse ausrichten. Nach einer vollen Umdrehung spreizt die Tänzerin die Arme und streckt das rechte Bein zur Landung aus, was ihre Rotation nahezu abstoppt.

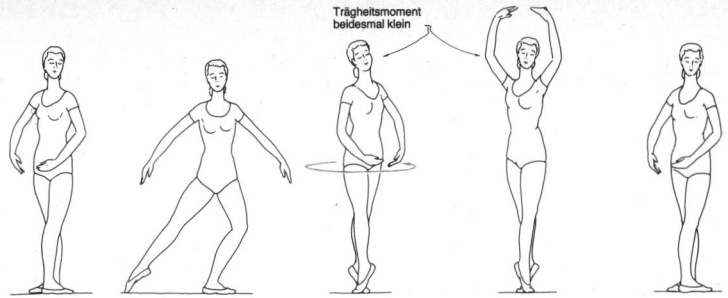

Bild 7: *Soutenu en tournant* – **eine Drehung im Stand.**

Wirbeln wie ein Kreisel

Das klassische Ballett kennt viele Drehtechniken. Eine ist Bestandteil der als *soutenu en tournant* bezeichneten Figur (Bild 7). Von der fünften Position ausgehend belastet die Tänzerin ihr linkes Bein, geht ins *demi-plié*, streckt das rechte zur Seite und bringt es in die Ausgangsposition zurück, diesmal den rechten Fuß vor dem linken. Sie erhebt sich auf die Fußspitzen und verdreht ihre Füße, um ein Drehmoment zu erzeugen, das sie linksherum zu wirbeln beginnt.

Eine Pirouette ist eine anspruchsvolle Drehfigur, bei der gleichfalls die Füße das erforderliche Drehmoment erzeugen, wie ich zunächst am Beispiel einer Viertelpirouette erläutern möchte. Aus der fünften Position bewegt die Ballerina ihren vorgestellten rechten Fuß zur Seite, während sie ihre Arme nach vorn bringt und anschließend zur Seite ausbreitet. Danach führt sie ihre rechte Hand nach vorn und den rechten Fuß nach hinten, um sich mit ihm vom Boden zu einer Rechtsdrehung abzustoßen. Gleichzeitig stellt sie sich auf die Spitze des linken Fußes, die den Drehpunkt abgibt. Verstärkt wird die Wirkung des Drehmoments durch das Einziehen des linken Arms. Das läßt die Tänzerin nicht nur graziöser erscheinen, sondern verkleinert auch die Trägheitsmomente, so daß sie die Vierteldrehung rasch ausführen, in die fünfte Position zurückfallen und sofort mit der nächsten Vierteldrehung beginnen kann.

Eine volle Pirouette (Bild 8) erfordert eine zusätzliche Kopfbewegung und ein größeres Drehmoment, das eine höhere Winkelbeschleunigung hervorruft. In der Anfangsphase blickt die Tänzerin geradeaus, wirft dann aber nach einer Drehung von etwa 90 Grad

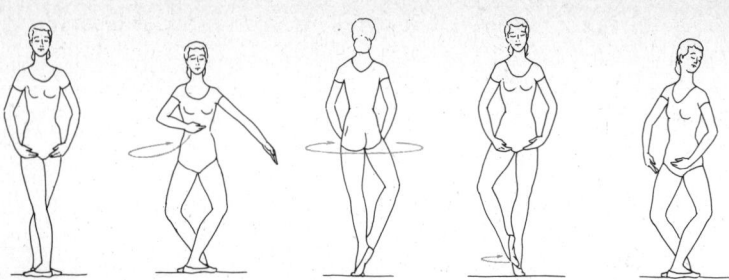

Bild 8: Phasen einer *pirouette en dehors*.

den Kopf scharf in Rotationsrichtung, um ihn nach 270 Grad ebenso scharf zurückzunehmen und die Umdrehung zu vollenden. Bei der *grande pirouette* muß die Ballerina während der Drehung ein Bein und beide Arme waagrecht zur Seite spreizen. Es ist nicht einfach, diese Figur mathematisch zu analysieren. Laws hat deshalb ein Modell entwickelt, das die Massenverteilung eines menschlichen Körpers vereinfacht wiedergibt, und daran die Rechnung ausgeführt (Bild 9). Sein Modell besteht aus einem Oberkörper mit der Masse M und der Länge L sowie Beinen, ein jedes mit der Länge l und der Masse m. Der Oberschenkel nimmt zwei Drittel dieser Masse, der gleich lange Unterschenkel samt Fuß das restliche Drittel in Anspruch. Bei einem männlichen Tänzer ist das Verhältnis M : m etwa 3,8 und L näherungsweise gleich l.

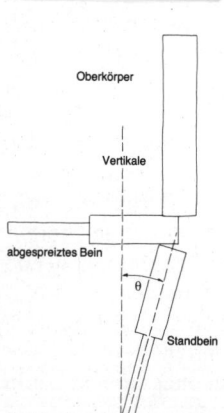

Oberkörper

Vertikale

abgespreiztes Bein

θ

Standbein

Bild 9: An einem vereinfachten Körpermodell läßt sich errechnen, wie groß der Winkel Θ im Gleichgewichtszustand ist.

Während der gesamten Pirouettendrehung bleibt der Oberkörper lotrecht, das eine Bein waagrecht zur Seite gestreckt und das durchgedrückte Standbein um den Winkel Θ gegen die vertikal auf den Fuß stehende Drehachse gekippt. Laws hat nun mit den obigen Daten den Winkel berechnet, unter dem eine stillstehende Tänzerin ein stabiles Gleichgewicht erlangt. Wir wissen bereits, daß das seitliche Ausstrecken des Beins den Schwerpunkt verlagert, er aber durch ein kompensatorisches Kippen des anderen Beins in die ursprüngliche Lage über der Standfläche zurückkehrt. Eine solche stabile Position ist erreicht, wenn der Winkel Θ zwischen Standbein und Lot etwa 4,4 Grad beträgt.

Wird dieser Winkel auch während der Rotation eingehalten? Ich hätte auf Ja getippt, aber Laws Berechnungen ergaben eine Verkleinerung auf 3,5 Grad. Durch die Rotation sind zusätzliche Bedingungen zu erfüllen. Daher muß sich das ausgestreckte Bein etwas weiter von der Drehachse entfernen, der Oberkörper aber näher heranrücken. Und so liegt der Schwerpunkt bei einer stabilen Drehung nicht mehr genau auf der Achse.

Eine schwierigere Rotationsbewegung ist Teil der sogenannten *fouetté*-Drehung, die der vollen Pirouette gleicht, aber die Ursache des Drehmoments dem Zuschauer verbirgt. Wenn eine Tänzerin viele solcher Drehungen aneinanderreiht, kreiselt sie wie von Geisterhand getrieben über die Bühne. Im dritten Akt von Tschaikowskys Ballett *Schwanensee* dreht sich der schwarze Schwan 32mal hintereinander. Wie er das macht, möchte ich am Beispiel der beiden in Bild 10 skizzierten *fouetté*-Drehungen erläutern. Nach dem Abstoßen hebt der rechte Fuß ab und bleibt über dem Boden (die meiste Zeit dicht am Knie des linken Standbeins), während sich die Tänzerin auf den Zehenspitzen dreht. In dem Augenblick, in dem sie sich wieder dem Publikum zuwendet, wirft sie ihr rechtes Bein nach vorn, öffnet die Arme, setzt den Fuß des linken Beines flach auf und geht ins *demi-plié*. Das rechte, immer noch vorgestreckte Bein schwenkt nun zur linken Seite herum und setzt die Drehung fort, während der übrige Körper dem Publikum zugewandt bleibt. Nach etwa 90 Grad zieht die Ballerina ihren rechten Fuß an das linke Knie zurück, stellt sich *en pointe* auf die linke Zehenspitze und wiederholt die ganze Prozedur.

Wir wissen nun aber immer noch nicht, wie sie das Drehmoment erzeugt, das ihr die Reibungsverluste zwischen Zehenspitze und Boden auszugleichen erlaubt. Des Rätsels Lösung liegt in der Bewegung des rechten Beins. Während die Tänzerin es nach vorn bringt

Bild 10: Zwei einzelne Drehungen während einer *fouetté en tournant*.

und herumschwenkt, übernimmt es den gesamten, noch vorhande-
nen Drehimpuls, so daß der Körper zur Ruhe kommt. So kann sie
ihren linken Fuß flach auf den Boden setzen, ohne Reibungsverluste
zu erleiden, und sich dann sofort wieder abstoßen, um ihrem Körper
das nötige Drehmoment zu geben. Zur Unterstützung wird der
rechte Fuß an das linke Knie gezogen, was ihr Trägheitsmoment für
die eigentliche Drehung verringert. Die *fouetté* fällt den Tänzerinnen
besonders schwer. Laws sagte mir, die meisten Anfängerinnen würden diese Drehung verderben, weil sie ihr rechtes Bein direkt zur
Seite schwenken anstatt es so zu halten, daß es den Drehimpuls richtig aufnehmen kann. Das gleiche geschieht, wenn das Bein nicht weit
genug zum Publikum ausgestreckt wird.

Das Trägheitsmoment des voll ausgestreckten Beins ist etwa
1,7mal größer als das des übrigen Körpers. Entsprechend langsamer
läuft die Schwenkbewegung des Beines ab, wenn es den Drehimpuls
des Körpers übernimmt. So erfolgen bei einer gewöhnlichen Pirouette zwei Umdrehungen pro Sekunde, das ausgestreckte Bein bewegt sich aber nur mit 1,2 Umdrehungen pro Sekunde. Die Tänzerin

Arm und Bein rotieren gegensinnig,
beide Drehimpulse kompensieren sich

Bild 11: *Pas de chat* – ein Sprung, der ohne Drehung durchgeführt wird.

hat also ungefähr 0,3 Sekunden Zeit, ihren linken Fuß flach auf den Boden aufzusetzen und sich damit wieder abzustoßen.

Beim *grand pas de chat* (Bild 11) dagegen muß die Tänzerin die physikalischen Gesetze der Rotationsdynamik anwenden, um einen Sprung gerade ohne jede Körperdrehung auszuführen. Auch dieser Sprung geht von der fünften Position aus. Er beginnt mit einem *demi-plié* auf dem rechten Bein, wobei das andere schräg (etwa 45 Grad) dahinter geführt wird. Nach dem Absprung schwingt die Tänzerin ihr rechtes Bein an das linke, wobei sie um ihren Schwerpunkt rotieren müßte. Da sie aber mitten im Sprung so gut wie keinen Drehimpuls besitzt, müssen wir uns fragen, wie es möglich ist, daß das rechte Bein eine Rotationsbewegung ausführt, der Rumpf aber trotzdem seine Orientierung beibehält. Nun: Die Tänzerin dreht einfach ihre ausgestreckten Arme gerade gegensinnig dazu, und zwar so viel, daß sich die einzelnen Drehimpulse von Armen und rechtem Bein aufheben.

Paartanz

Physikalische Probleme gibt es auch beim Paartanz. Laws hat beispielsweise genau untersucht, mit welchen Tricks es einem Paar gelingt, bei der sogenannten *promenade en attitude derrière* das Gleichgewicht zu halten. Die Tänzerin steht dabei auf den Zehenspitzen des einen Beines (also in der Position *derrière en pointe*), das andere ist in die Luft gestreckt. Ihre eine Hand ruht in der des Partners, ihre andere hebt sich zu einem anmutigen Bogen. Es ist ziemlich schwie-

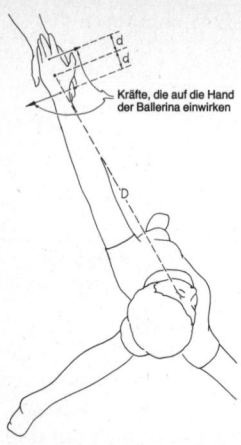

Kräfte, die auf die Hand
der Ballerina einwirken

Bild 12: Die Figur *derriére en pointe* **erfordert ein gutes
Balancevermögen. Über die Hand des Partners wirken
auf die Ballerina gegensinnige Kräfte ein, die sie mit
einiger Übung so aufeinander abstimmen kann, daß
sich die störenden Drehmomente kompensieren.**

rig, in dieser Pose längere Zeit im Gleichgewicht zu bleiben, erst
recht, wenn die Ballerina aus einer Bewegung heraus in diese Stellung hinüberwechselt. Natürlich könnte sie durch kompensatorische
Körperbewegungen den Schwerpunkt ständig über das Standbein
zurückverlegen. Sehr graziös würde dies aber nicht mehr wirken.
Sie könnte sich auch an der Hand ihres Partners heranziehen oder
sich davon wegdrücken, was jedoch wahrscheinlich mit einem Drehmoment verbunden wäre und zu einer unerwünschten Drehung führen würde.

Bild 12 zeigt, wie das Gleichgewichtsproblem richtig gelöst wird,
indem man die Kräfte über die Handflächen ableitet. Nach Laws
sollten beide ihre Hände waagrecht halten und die Ellbogen heben,
so daß die Tänzerin auf die Hand ihres Partners Kräfte ausüben
kann, ohne ein Drehmoment hervorzurufen. Dazu müssen allerdings von der Hand des Tänzers zwei entgegengesetzt gerichtete
Kräfte ausgehen, deren Angriffspunkte jeweils eine Strecke d von
der Handmitte entfernt sind. Der Mittelpunkt davon hat den Abstand D zur Vertikalachse, die durch die Zehenspitzen der Tänzerin
führt. Es läßt sich natürlich nicht vermeiden, daß die beiden gegen-
sinnigen Kräfte, die auf die Handflächen einwirken, auch an der
Tänzerin Drehmomente erzeugen. Sie kann jedoch mit einiger
Übung die Kräfte so aufeinander abstimmen, daß sich diese Drehmomente gerade aufheben. Sie braucht dazu nur die ihr nähere
Kraft geringfügig zu erhöhen; da der zugehörige Hebelarm etwas

kürzer ist, lassen sich die beiden entgegengesetzt gerichteten Drehmomente gemäß der Beziehung Kraft mal Hebelarm kompensieren. So vermag die Tänzerin durch kleine Drehbewegungen ihrer Hand, die Lage des Schwerpunkts unbemerkt vom Zuschauer zu korrigieren.

Zum Schluß möchte ich noch einen der Sprünge behandeln, bei denen der Tänzer im Flug seine Waden zusammenschlagen muß. Es ist das *entrechat quatre*. Aus der fünften Position geht der Tänzer ins *demi-plié* und springt dann ab. Im Flug spreizt er seine Beine zur Seite, schlägt sie schnell zusammen und spreizt sie erneut, bevor er mit geschlossenen Beinen in der fünften Position im *demi-plié* landet. Ein erfahrener, kraftvoll springender Tänzer schafft es, seine Beine dabei sogar zweimal oder noch mehr zusammenzuschlagen. Laws hat sich auch mit diesem Sprung beschäftigt und geklärt, warum große Tänzer damit Schwierigkeiten haben. Selbst wenn sie kräftiger sind als ihre kleineren Kollegen, schaffen sie es gewöhnlich nicht, ihre Beine genauso schnell zusammenzubringen und so weit zu spreizen wie diese. Der Grund dafür ist recht einleuchtend: Ihre Beine sind länger und schwerer, besitzen also ein größeres Trägheitsmoment, was einer Drehung einen weit höheren Widerstand entgegensetzt. Außerdem fällt es solchen Tänzern – bedingt durch das höhere Körpergewicht – schwerer, einen bestimmten Bruchteil ihrer Körpergröße zu überspringen.

Ich konnte hier nur einige wenige Figuren des klassischen Balletts berücksichtigen. Sie haben deshalb noch viele Möglichkeiten, sich selbst zu betätigen. So können Sie weitere Figuren untersuchen, beispielsweise an Hand einiger Aufnahmen mit einem Stroboskop-Blitzgerät oder besser noch mit einer Filmkamera. Denn auf einem Film, den Sie in Zeitlupe oder sogar als Einzelbildprojektion ablaufen lassen, sind Einzelheiten des Bewegungsablaufs deutlicher zu erkennen. Trotzdem ist die Aufgabe nicht leicht. Die Posen und Bewegungen sind nämlich recht verwickelt. Deshalb dürfte es vorteilhafter sein, die Form des Körpers stark zu vereinfachen, wie es Laws bei der *grande pirouette* tat.

Eine weitere Schwierigkeit rührt daher, daß man beim Ballett zunächst nicht genau weiß, ob eine Bewegungskomponente einem physikalischen Sachverhalt oder »nur« stilistischen und ästhetischen Anforderungen Genüge zu leisten hat.

Judo und Aikido:
Selbstverteidigung, Schwerpunkt, Drehmoment und das Gleichgewicht des Gegners

David gelang es mit der Steinschleuder, den ihm weit überlegenen Goliath zu besiegen. Als erfahrener Judo- oder Aikido-Kämpfer hätte er ihn auch ohne dieses Hilfsmittel allein durch eine zielstrebige Anwendung der Physik der Kräfte und Drehbewegungen bezwingen können. Ich beschreibe hier einige der grundlegenden Judo- und Aikido-Wurftechniken, mit denen man einen »Goliath« zu Fall bringen kann. Dabei werde ich nicht die ästhetische Seite eines solchen Wurfs behandeln, sondern seinen Bewegungsablauf in einzelne Phasen zergliedern und die ihnen zugrundeliegenden physikalischen Prinzipien erläutern. Wollen Sie diese Prinzipien selbst untersuchen, so sollten Sie mit einem Partner »experimentieren«. Bedenken Sie aber die damit verbundenen Gefahren und üben Sie nur unter der Anleitung eines erfahrenen Trainers.

Judo-Wurftechnik

Beim Judo kommt es in erster Linie darauf an, den Gegner aus dem Gleichgewicht zu bringen. Ein erfahrener Kämpfer vermeidet so, daß er seine Kräfte direkt mit denen des oft stärkeren Gegners messen muß. Er erahnt die Bewegungen des Gegners, lockt ihn durch scheinbares Nachgeben in eine Position, in der seine Standfestigkeit gering ist und er seine Kräfte nicht ausspielen kann, und wirft ihn schließlich im richtigen Zeitpunkt mit geringem Kraftaufwand auf die Matte.

Daß ein geschickter Judoka selbst gegenüber einem kräftigeren und größeren, in der Zweikampftechnik jedoch unerfahrenen Gegner im Vorteil ist, zeigt der Hüftwurf (Bild 1 a). Gleich zu Beginn des Wettkampfs, wenn Sie Ihrem Gegner mit schulterbreit gespreizten Beinen gegenüberstehen (Bild 1 b), können Sie ihn mit beiden Händen am Revers seiner Judojacke packen. Um den Wurf einzuleiten, treten Sie mit dem rechten Fuß zwischen die Füße Ihres Gegners (Bild 1 c) und ziehen seinen Oberkörper nach unten an Ihre rechte Seite (Bild 1 a). Der Wurf gelingt besonders gut, wenn Sie in dem

Augenblick zupacken, in dem Ihr Gegner mit seinem rechten Fuß auf Sie zutritt. In dieser Stellung hat er zwar noch eine hohe Standfestigkeit, so daß Sie ihn nicht direkt auf sich zu ziehen können, Ihrem Ruck nach rechts kann er aber wenig Widerstand entgegensetzen. Während Sie auf Ihren Gegner zutreten, müssen Sie Ihren Oberkörper nach vorn neigen und Ihren Kopf seinen Schultern nähern. Dann drehen Sie ihre linke Hüfte schnell nach hinten weg (Bild 1 d) und ziehen ihn vollends auf Ihre rechte Hüfte herab. Wenn Sie nach diesem ersten Körperkontakt mit den Händen weiterziehen und die Hüftdrehung fortsetzen, bis Sie und Ihr Gegner in dieselbe Richtung blicken (Bild 1 a), dreht sich sein Körper über Ihre recht Hüfte weiter und landet auf der Matte.

Da der Gegner im sportlichen Wettkampf nicht verletzt werden soll, lösen Sie Ihren Griff während seines Falles nicht. Der Gegner fällt auf seine linke Körperseite und kann während des Aufpralls mit seinem linken Arm auf die Matte schlagen. Dieses »Abschlagen« verteilt die Aufprallenergie auf eine größere Fläche und verringert so die Belastung der Rippen und die Verletzungsgefahr. Es ist nicht einfach, den Arm während des Falles zusätzlich in Richtung der Matte zu beschleunigen, so daß er gleichzeitig mit dem Körper aufschlägt. Da das Abschlagen aber sehr wichtig ist, um Verletzungen zu vermeiden, wird es in jedem Judotraining geübt.

Damit der Hüftwurf gut gelingt, müssen die Bewegungen fließend

Bild 1: Der Hüftwurf beim Judo. Die Gegner stehen sich mit schulterbreit gespreizten Füßen gegenüber (b). Der Angreifer tritt mit dem rechten Fuß zwischen die Füße seines Kontrahenten (c), zieht dessen Oberkörper nach unten an seine rechte Seite, dreht seine linke Hüfte schnell nach hinten weg (d) und zieht den Kontrahenten so, daß dieser schließlich über die rechte Hüfte des Angreifers (a) zu Boden fällt.

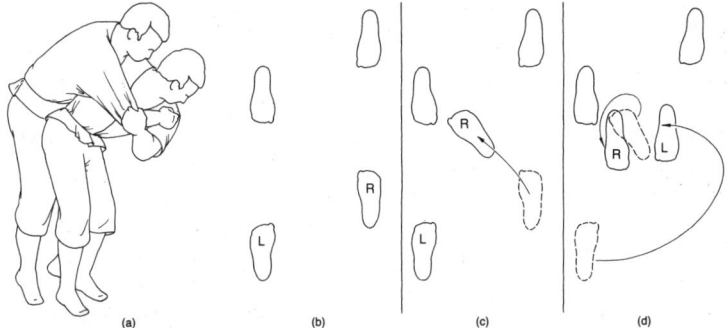

(a)   (b)   (c)   (d)

ablaufen. Neben Zeitgefühl und Körperbeherrschung braucht der
Judoka auch ein Verständnis für die physikalischen Zusammenhänge, vor allem für die Begriffe Drehmoment und Schwerpunkt.
Deshalb kurz einige Bemerkungen dazu: Ein Körper verhält sich
häufig so, als wäre seine gesamte Masse in einem Punkt (im Schwerpunkt) vereint. Man kann sich vorstellen, daß in diesem Punkt die
gesamte Gewichtskraft angreift. Der Körper bleibt auf seiner Unterstützungsfläche stehen, solange das vom Schwerpunkt gefällte Lot
auf sie trifft. Der Schwerpunkt eines aufrecht stehenden Menschen
liegt zwischen Wirbelsäule und Bauchnabel, während die Fußsohlen
auf der Unterstützungsfläche ruhen. Ein Gegner befindet sich im
stabilen Gleichgewicht, wenn sich sein Schwerpunkt möglichst genau
über der Mitte der Unterstützungsfläche befindet. Wenn Sie ihn
zwingen oder dazu verleiten, seinen Schwerpunkt so zu verlagern
oder die Unterstützungsfläche so zu verkleinern, daß das Lot die
Fläche nur noch in Randnähe trifft, so ist sein Gleichgewicht zwar
noch stabil, aber schon gefährdet. Fällt das Lot genau auf den Rand
der Unterstützungsfläche, so ist sein Gleichgewicht labil, und der
kleinste Anstoß genügt, um es vollends aufzuheben. Wenn es Ihnen
gelingt, Ihren Gegner im Verlauf des Kampfes in eine solche Lage zu
bringen, so wirkt danach ohne Ihr weiteres Zutun ein Drehmoment,
das ihn zu Fall bringt. Unter einem Drehmoment versteht man das
Produkt aus der Kraft, die eine Drehung verursacht, und dem als
Hebelarm bezeichneten Abstand des Drehpunktes von der Wir-
kungslinie der Kraft. An Ihrem Gegner greift im Schwerpunkt die
Gewichtskraft an, die senkrecht nach unten gerichtet ist, während
der waagrechte Abstand zwischen dem Drehpunkt an seiner Fuß-
sohle und der durch den Schwerpunkt verlaufenden Senkrechten als
Hebelarm wirkt (Bild 2). Solange der Gegner aufrecht steht, verschwindet dieser Hebelarm. Beugt er sich jedoch nach vorn, so daß
das vom Schwerpunkt aus gefällte Lot den Boden vor seinen Fußspitzen trifft, so dreht das resultierende Drehmoment seinen Körper.
Mit zunehmendem Neigungswinkel des Körpers wachsen Hebelarm
und Drehmoment. Entsprechend ist die Taktik beim Judo darauf gerichtet, den Gegner so schnell in eine unstabile Lage zu bringen und
ihn aus ihr mit einem zweiten Drehmoment auf die Matte zu werfen,
daß er überhaupt keine Zeit findet, sich durch Gegenmaßnahmen in
eine stabile Lage zu retten.

Beim Hüftwurf wird das Gleichgewicht des Gegners bereits durch
den ersten Zug an der Judojacke gestört. Würden Sie dann versuchen, den Gegner direkt auf sich zu ziehen, so müßten Sie seinen

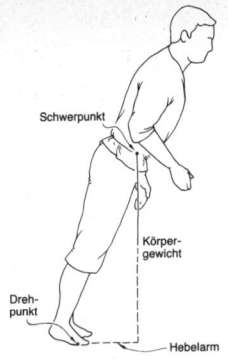

Bild 2: Ein Mensch verliert sein Gleichgewicht, wenn er sich so weit nach vorn neigt, daß das Lot durch den Schwerpunkt seines Körpers nicht mehr die Fläche trifft, mit der seine Füße den Boden berühren.

Schwerpunkt ziemlich weit vor seinen vorgestellten Fuß verlagern, um ihn umzuwerfen. Sie müßten mit beachtlichem Kraftaufwand ziemlich lange ziehen, und Ihr Gegner hätte genügend Zeit, etwa durch einfaches Beugen des vorgestellten Beins sein stabiles Gleichgewicht wieder herzustellen. Viel schneller und wirksamer ist es, wenn Sie den Gegner auf Ihre rechte Seite ziehen: Sein Gleichgewicht wird schon bei einer kleinen Verlagerung des Schwerpunktes labil, und er hat keine Möglichkeit, Ihrem ersten Zug und dem folgenden Hüftwurf rechtzeitig zu begegnen. Das Ziehen erfüllt noch einen Nebenzweck: Es krümmt den Körper des Gegners und rückt seinen Schwerpunkt zum Bauchnabel, so daß Sie ihn leichter über Ihre rechte Hüfte werfen können (Bild 3).

Ist an Ihrer Hüfte erst einmal der Körperkontakt hergestellt, so setzt sich die Drehung um diesen neuen Drehpunkt fort. Auf Ihren

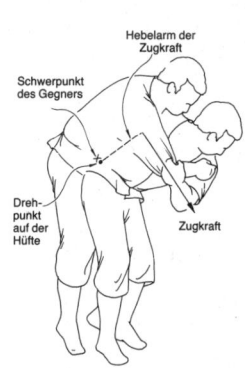

Bild 3: Beim richtig ausgeführten Hüftwurf zieht der Angreifer seinen Gegner so an der Jacke in eine nach vorn gebeugte Haltung, daß der Schwerpunkt des gegnerischen Körpers zum Bauchnabel rückt, der Gegner infolgedessen sein Gleichgewicht verliert und sich leicht mit einer Drehbewegung über die rechte Hüfte des Angreifers zu Boden werfen läßt.

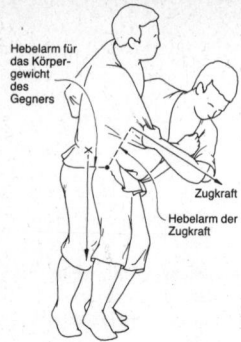

Hebelarm für
das Körper-
gewicht
des
Gegners

Zugkraft

Hebelarm der
Zugkraft

Bild 4: Der Hüftwurf mißlingt, wenn der Angreifer den Körper seines Gegners nicht weit genug nach vorn beugt. Der Schwerpunkt des Gegners rückt dann kaum aus der Körpermitte, und es fehlt das vom Körpergewicht beigesteuerte Drehmoment.

Gegner wirkt ein weiteres Drehmoment: das Produkt Ihrer Zugkraft mit dem Abstand zwischen Hüft-Drehpunkt und Ihrer Zugrichtung als Hebelarm. Beim Hüftwurf wirken also zwei Drehmomente auf den Gegner: Das erste leitet als eine Wirkung des Körpergewichtes im instabilen Gleichgewicht den Wurf ein (Bild 2), das zweite setzt die Drehung fort, ohne daß der Gegner Widerstand leisten kann (Bild 3).

In der Regel mißlingt der Hüftwurf, wenn Sie wie der Judoka in Bild 4 versäumen, den Körper des Gegners nach vorn zu biegen und seinen Schwerpunkt vor den Nabel zu verlagern. Beim Versuch, den Gegner um die Hüfte zu drehen, baut sich dann durch seine Gewichtskraft ein Drehmoment auf, das dem durch Ihre Zugkraft erzeugten entgegenwirkt. Steht der Gegner zu Beginn des Körperkontaktes noch aufrecht, so ist dieses Gegenmoment durch das Gewicht des Gegners und den Abstand der Hüfte von der Senkrechten gegeben, die durch seinen Körperschwerpunkt läuft. Selbst wenn es Ihnen möglich wäre, dieses Drehmoment durch verstärktes Ziehen auszugleichen, würde der Wurf zumindest verzögert. Sie würden den Überraschungseffekt verlieren, und der Ausgang des Kampfes wäre weitgehend durch das Kräfteverhältnis der Kontrahenten bestimmt.

Die Diskussion der Drehmomente zeigt, daß der Hüftwurf besonders gut gelingt, wenn Sie kleiner sind als Ihr Gegner, so daß Sie ihn leichter nach unten ziehen können. Außerdem können Sie Ihre rechte Hüfte leichter unter einen größeren Gegner schieben. Schließlich haben Sie einen größeren Hebelarm, wenn Sie einen großen Gegner am Rockaufschlag ziehen.

Der in Bild 5 dargestellte Wurf wird als »Große Außensichel« *(o soto gan)* bezeichnet. Er läßt sich besonders gut ansetzen, während

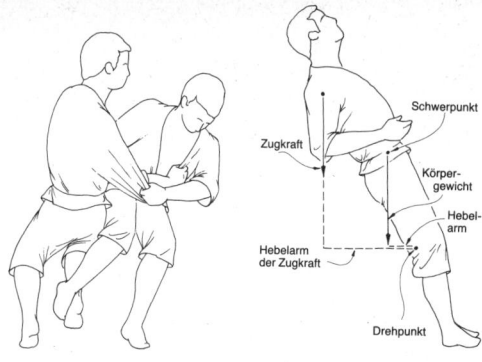

Bild 5: Auch bei der »Gro-ßen Außensichel« (links) wirken zwei Drehmomente zusammen, um den Gegner zu Boden zu werfen (rechts). Das eine wird vom Körpergewicht des Gegners erzeugt, das andere ruft der Angreifer hervor, indem er seinen Gegner am Ärmel des Anzugs schräg nach hinten zieht.

Ihr Gegner mit seinem linken Fuß zurücktritt. Sie machen dann mit Ihrem linken Fuß einen Schritt vorwärts, setzen ihn an die Außenseite des rechten Fußes Ihres Gegners und ziehen ihn am Judoanzug nach unten, um sein Körpergewicht auf seinen rechten Fuß zu verlagern. Eine auf die rechte Rückseite des Gegners gerichtete Komponente Ihrer Zugkraft krümmt gleichzeitig seinen Körper etwas nach hinten, rückt das von seinem Schwerpunkt ausgehende Lot aus der Unterstützungsfläche und bricht sein Gleichgewicht. Seine Gewichtskraft erzeugt dann um seinen rechten Fuß als Drehpunkt ein Drehmoment. Ihr Gegner vermag sich aus der unstabilen Gleichgewichtslage nicht zu befreien, weil Sie ihn nach unten ziehen und er seine Füße nicht zurücksetzen kann. In dieser Stellung können Sie seine Standfläche weiter verkleinern und ihn mit einem zweiten Drehmoment auf die Matte werfen. Dazu treten Sie mit Ihrem rechten Fuß hinter das rechte Standbein des Gegners, schwingen gleichzeitig Ihre rechte Hüfte nach hinten und »sicheln« dabei mit der rechten Wade sein rechtes Bein weg. Sobald Ihr rechtes Bein das des Gegners berührt, erzeugt Ihr Zug ein zweites Drehmoment. Beide Momente verstärken sich und drehen ihn um Ihren rechten Unterschenkel. Selbst wenn Sie nach dem Beinkontakt aufhören zu ziehen, wird ihn sein Gewicht weiterdrehen. Sie beschleunigen seinen Fall, wenn Sie weiterziehen.

Beim »Fußnachfegen« *(okuri ashi barai)* wird der Gegner auf ähnliche Weise zu Fall gebracht. In dem Augenblick, in dem er während eines Schrittes nach vorn oder hinten sein rechtes Bein belastet, schieben Sie es mit Ihrem linken Fuß schwungvoll beiseite (Bild 6). Ihr Fuß muß dabei das Bein des Gegners genau oberhalb des Knöchels treffen. Während sich sein rechter Fuß auf seinen linken zu be-

**Bild 6: Beim »Fußnachfegen« wird der Gegner auf ähn-
liche Weise zu Fall gebracht wie bei der »Großen Außensichel« (Bild 5). In dem Augenblick, in dem er bei einem
Schritt nach vorn oder nach hinten sein rechtes Bein belastet, schiebt es der Angreifer mit seinem linken Fuß
schwungvoll beiseite.**

wegt, ziehen Sie Ihren Gegner an seinem Judoanzug ohne nennens-
werten Kraftaufwand in seiner ursprünglichen Bewegungsrichtung
weiter. Es ist unwahrscheinlich, daß er seinen linken Fuß dabei auf
der Matte halten kann. Aber selbst wenn ihm das gelingt, wird seine
Standfläche so verkleinert, daß sie nicht mehr unter dem Schwerpunkt liegt und sein Gewichtsvektor ein Drehmoment erzeugt, das
ihn auf die Matte wirft. Wenn Sie sich bücken, während Sie an der
Judojacke ziehen, erzeugen Sie ein zweites, gleichgerichtetes Drehmoment. Beide verstärken sich und drehen Ihren Gegner um seinen
linken Fuß.

Judo-Bodentechnik

Jeder Judo-Kurs für Fortgeschrittene behandelt neben der Wurftech-
nik auch Bodentechniken, mit denen man einen Gegner auf der
Matte im Bodenkampf mit einem Haltegriff, einem Armhebel oder
einem Würgegriff kampfunfähig machen kann. Ist der Angriffspunkt
des eigenen Gewichtes richtig gewählt, so kann sich auch ein wesentlich stärkerer Gegner nicht mehr umdrehen oder gar aufbäumen. So
wird beispielsweise beim »Armstreckhebel« *(juji gatame)* der Rumpf
des Gegners so belastet (Bild 7), daß er sich nicht nur nicht aufrichten kann, sondern überhaupt nicht mehr wagt sich zu bewegen, weil
er Angst hat, sich dabei den Arm zu brechen.

   Um den auf dem Rücken liegenden Gegner mit dem Armstreckhebel kampfunfähig zu machen, setzen Sie sich rittlings mit gespreizten Beinen auf ihn. Wenn er seinen linken Arm hebt, um Sie abzuwehren, ergreifen Sie sein Handgelenk mit beiden Händen, lassen
sich zu seiner Linken fallen, schwingen Ihr rechtes Bein über seinen

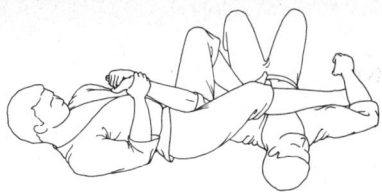

Bild 7: Beim »Armstreckhebel« wird der Gegner so belastet und gehalten, daß er sich nicht nur nicht aufzurichten vermag, sondern überhaupt nicht wagt sich zu bewegen, weil er Gefahr läuft, sich dabei den Arm zu brechen.

Hals und rammen Ihren linken Knöchel in seine Flanke, während Sie Ihr linkes Knie anheben. Den linken Arm des Gegners klemmen Sie, Ellbogen nach unten, zwischen Ihren Knien fest. Dann erzeugt schon ein schwacher Druck auf sein Handgelenk ein gewaltiges Drehmoment auf seinen Arm. Der Drehpunkt liegt nämlich weit entfernt vom Handgelenk dort, wo der Arm auf Ihrem rechten Bein aufliegt, so daß ein großer Hebelarm resultiert. Ihr Gegner kann sich nicht befreien. Er kann Ihr Drehmoment selbst mit größter Muskelkraft nicht ausgleichen, da sein Arm gestreckt ist und die Schultermuskeln nahe am Drehpunkt mit verschwindend kleinem Hebelarm angreifen. Er kann sich auch nicht aufrichten, weil Ihr Körpergewicht mit einem großen Hebelarm eine Drehung seines Oberkörpers um die Hüfte verhindert. Es ist also auch im Judo-Bodenkampf so, daß die Kenntnis der Drehmomente und die Erfahrung ihres richtigen Einsatzes wichtiger sind als die reine Muskelkraft.

Aikido: Kraft aus der Harmonie zwischen Gedanken und Tat

Aikido ist eine moderne Art des Zweikampfes, die viele Elemente älterer Arten in sich vereinigt. Allerdings gibt es im Aikido keine Übungen mit Angriffscharakter. Aikido ist also eher eine waffenlose Selbstverteidigung als ein Kampfsport. Verletzungen des Gegners zu vermeiden, ist für einen Aikido-Kämpfer oberstes Gebot. Nach meiner Meinung ist Aikido die Zweikampftechnik, die am schwersten zu erlernen ist, weil sie Geschicklichkeit, Körperbeherrschung und Zeitgefühl in einem Maß fordert, wie sonst nur noch das klassische Ballett.

Wie das folgende Beispiel zeigt, nutzen Aikido und Judo ähnliche physikalische Gesetzmäßigkeiten. Angenommen, Ihr Gegner packt, wie in Bild 8 oben gezeigt, Ihre Handgelenke. In einer Aikido-Abwehr werden Sie sich geschmeidig beugen und dabei Ihre Handgelenke über Ihren Kopf nach vorn bringen. Da Ihr Gegner die Hand-

Bild 8: Auch Aikido-Übungen haben den Zweck, die Bewegungen eines Angreifers so umzulenken, daß dieser zu Fall kommt. Gezeigt ist hier, wie sich eine Person gegen einen Angreifer zur Wehr setzt, der ihre Handgelenke von hinten hält (oben), der ihr mit der Faust ins Gesicht schlagen will (Mitte) oder der ihren Oberkörper von hinten

umfaßt (unten). **In keinem Fall darf die Bewegung des Angreifers abgebremst werden.
Man muß sie vielmehr weiterlaufen lassen und ihr mit geringem Kraftaufwand eine andere Richtung geben.**

gelenke festhält, wird er durch Ihre Bewegung nach vorn gezogen. Er beugt seinen Oberkörper vor und verliert das Gleichgewicht, sobald sein Schwerpunkt vor den Fußspitzen liegt. Wenn Sie dann Ihr rechtes Bein nach hinten bewegen und sich auf Ihr rechtes Knie stützen, beschreibt Ihr Oberkörper einen weiten Bogen nach unten. Da das Gleichgewicht des Gegners bereits gebrochen ist, wird er Ihre Handgelenke weiter festhalten und in einem Purzelbaum über Ihre Schultern nach vorn auf die Matte fallen.

Wie bei vielen Aikido-Übungen kommt der Gegner auch hier gleichsam »von selbst« zu Fall. Er konnte Ihre Vorwärtsbewegung nicht behindern, weil er kein stabiles Gleichgewicht hatte. Er hätte Sie aber auch nicht aufhalten können, wenn er versucht hätte, mit seinem ganzen Körpergewicht und großer Muskelkraft Ihre erhobenen Arme nach unten zu drehen. Ein solcher Versuch müßte mißlingen, weil Ihr Gegner in dieser Lage nur in Richtung Ihrer Arme ziehen kann und keinen Hebelarm für die angestrebte Drehung des Schultergelenks hat.

Beim Aikido kommt es oft darauf an, die Richtung einer gegnerischen Angriffsbewegung abzulenken. Angenommen, Ihr Gegner will Ihnen einen Faustschlag ins Gesicht versetzen. Um seine Faust abzubremsen, müßten Sie eine Kraft von über dreitausend Newton (etwa dreihundert Kilogramm) aufbringen und würden dabei Knochenbrüche riskieren. Es ist vernünftiger, den gegnerischen Streich nur abzulenken, wobei schon eine Kraft von etwa zehn Newton genügt, um die Bahn seiner Faust um einen Zentimeter zu verschieben.

Im Aikido-Kampf ist stets der Angreifer benachteiligt, weil mit jedem Angriffsschieb ein großer Impuls verbunden ist. Der Verteidiger kann die Bewegung ohne großen Kraftaufwand ablenken und auf eine Kreisbahn bringen. Dort wirken Zentrifugalkräfte auf den Angreifer, die sein Gleichgewicht brechen und ihn auf die Matte werfen können. Bild 8 zeigt dies in der mittleren Zeile an einem Beispiel. Angenommen, ein Angreifer tritt mit seinem rechten Fuß auf Sie zu, um Ihnen mit der Kante seiner rechten Hand so ins Gesicht zu schlagen, wie es von Wildwest- und Karate-Kämpfen bekannt ist. Um einem solchen Schlag zu begegnen, müssen Sie Ihren linken Fuß zurücknehmen und den Hieb mit Ihrem linken Arm abwehren. Abwehren heißt hier aber nicht, den Schlag zu stoppen, ja nicht einmal ihn zu bremsen, sondern den rechten Arm des Gegners etwas nach unten abzulenken und dann mit der rechten Hand zu packen. Ohne sich im geringsten zu bemühen, den Impuls abzubauen, setzen Sie die Kreisbewegung fort, die Sie mit der Zurücknahme des linken Fußes eingeleitet haben, und zwingen Ihren Gegner dadurch ebenfalls auf eine Kreisbahn. Ihr Gegner stand zunächst verhältnismäßig stabil, weil er den rechten Fuß in Angriffsrichtung vorgestellt hatte. Während Ihrer Kreisbewegung ziehen Sie ihn aber nach links, und bei der Verlagerung in diese Richtung verliert er sehr schnell das Gleichgewicht. Dazu kommt, daß der Angreifer seinen Hieb mit großem Impuls führt und ihn auch selbst nur mit großem Kraftaufwand abbremsen kann. Um den Wurf abzuschließen, schwenken Sie den rechten Arm des Angreifers nach unten. Während Sie mit Ihrem linken Bein weiter zurückgehen, drehen Sie die Oberseite seines Handgelenks nach unten und biegen Sie seine Hand in dieselbe Richtung. Befindet sich der Angreifer erst einmal in dieser Lage, so kann er seinen Fall nicht mehr abwenden: Sein Gleichgewicht ist bereits gebrochen, er kann seine eigene Bewegung nicht mehr abbremsen, und er kann seine Hand Ihrem Griff nicht entziehen, weil Sie sein Handgelenk abwinkeln. Selbst mit starken Armmuskeln kommt er nicht gegen das Drehmoment an, das Sie erzeugen, wenn Sie die Hand um sein Handgelenk beugen.

Auch das folgende Beispiel zeigt, wie eine Kreisbewegung die Angriffsrichtung Ihres Gegners ablenkt und gleichzeitig seine Standfestigkeit verkleinert. Wenn ein Angreifer Sie, wie in Bild 8 unten gezeigt, von hinten umfaßt und Ihren Oberarm gegen Ihren Rumpf preßt, sollten Sie versuchen, mit Ihren Unterarmen nach oben zu kommen und die Hände des Gegners fest an Ihre Brust zu drücken, während Sie Ihren rechten Fuß nach vorn gleiten lassen, um sich dann plötzlich nach vorn zu lehnen und Ihren Körper nach rechts zu schwenken. Ihre Bewegung muß synchron mit der des Angreifers ablaufen. Beugen Sie Ihren Rumpf zu langsam, so bremsen Sie den Gegner ab und können seinen Impuls nicht mehr für Ihre Zwecke nutzen. Sind Sie zu schnell, so müssen Sie Ihren Gegner unter Kraftaufwand beschleunigen. Ihre schnelle Drehung und der Impuls Ihres Gegners wirken zusammen und werfen den Angreifer nach rechts zu Boden. Er kann sich nicht wehren, weil Sie sich nach vorn lehnen und seinen Schwerpunkt vor seine Fußspitzen ziehen, und er kann seine Vorwärtsbewegung nicht abbremsen, weil Sie seine Hände festhalten. Bei Ihrer Drehung wirken auf den Angreifer Zentrifugalkräfte, denen er in seinem labilen Gleichgewicht nicht widerstehen kann. Auch in diesem Beispiel verursacht der Angreifer seinen Fall durch seinen Impuls im wesentlichen selbst.

In Aikido-Kursen für Fortgeschrittene wird auch Stockfechten ge-

übt. Zwei Beispiele sollen zeigen, wie dabei ebenfalls kleine Kräfte den Angreifer aus dem Gleichgewicht bringen. Angenommen, ein Angreifer stößt, wie in Bild 9 oben gezeigt, mit einem Stock nach Ihnen, den er mit beiden Händen waagrecht hält. Während des Stoßes bewegt er sein linkes Bein nach vorn. In einem solchen Fall wäre jeder Versuch zum Scheitern verurteilt, die Stockspitze abzubremsen. Nach langer Übung werden Sie es aber schaffen, mit Ihrem rechten Fuß so schnell vorzutreten, daß der Stock Sie verfehlt und zu Ihrer Linken vorbeigeht. In diesem Augenblick wenden Sie sich dem Stock zu und packen ihn mit beiden Händen so, daß Ihre linke Hand außen vor der Linken des Gegners und Ihre rechte Hand zwischen den Händen des Angreifers liegen. Sie fassen den Stock nicht, um ihn abzubremsen, was viel zuviel Kraft erfordern würde. Ihr Ziel ist es vielmehr, den Angriff nach oben auf eine Kreisbahn um sich herum zu lenken. Sobald sich der Stock dabei über dem Kopf des Angreifers befindet, können Sie Ihren Gegner leicht auf die Matte werfen. Bei vorgestelltem linkem Fuß läßt sich der Angreifer nämlich leicht auf seine linke Seite nach hinten ziehen, wobei eine kleine Verschiebung seines Schwerpunktes in dieser Richtung schon sein Gleichgewicht bricht. Es genügt dann, daß Sie den Stock über den Rücken des Gegners nach unten ziehen. Während des Falles wird er den Stock in der Regel loslassen.

Was ist zu tun, wenn Sie selbst einen Stock in Händen halten und Ihr Gegner wie in Bild 9 unten versucht, die Stockspitze zu ergreifen? Hindern Sie ihn nicht daran, sondern führen Sie ihn mit dem

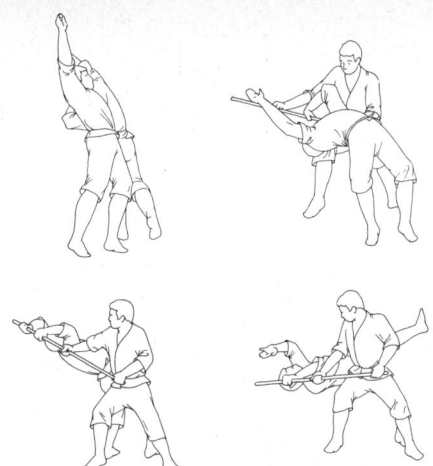

Bild 9: Zu den Aikido-Übungen gehört das »Stockfechten«, bei dem die Kunst darin besteht, einen mit einem Stock bewaffneten Angreifer (oben) ins Leere stoßen zu lassen und seine Bewegung zu nutzen, um ihn auf elegante Weise zu Fall zu bringen, oder einen Gegner, der den als Waffe dienenden Stock ergreift, durch eine Umlenkung seiner Bewegung außer Gefecht zu setzen (unten).

Stock so, daß er seinen Schwung behält. Senken Sie dabei die Stockspitze, so wird sich auch Ihr Gegner nach unten beugen. Wenn er sich dann an ihrer rechten Seite befindet, heben Sie das Stockende über seinen Kopf, um es über seinen Rücken wieder nach unten zu führen. Läuft diese Bewegung schnell genug ab, so wird Ihr Gegner den Stock nicht loslassen und durch Ihren Zug und seinen Impuls nach hinten gebeugt und zu Boden geworfen. Sein Körpergewicht erzeugt das erforderliche Drehmoment. Der Drehpunkt liegt in seinen Füßen. Auch hier wirft sich der Angreifer praktisch selbst auf die Matte, denn sein Sturz ist letztlich die Folge des Impulses, mit dem er seinen Angriff vorträgt. Sie helfen nur trickreich nach.

Im Aikido gibt es Hunderte solcher Möglichkeiten, um alle Angriffe eines Gegners abzuwehren. Fast immer wird der Ansturm des Gegners durch eine kleine Kraft so abgelenkt, daß der Gegner fällt. Wenn sich ein Aikido-Meister verteidigt, wirft er seinen Angreifer mit flüssigen Bewegungen ohne erkennbare Anstrengung auf die Matte. Der Angreifer scheint sich fast freiwillig auf die Matte zu legen, und man ist versucht, an eine Absprache zwischen den Kämpfern zu glauben. In Wirklichkeit rührt die Überlegenheit des Meisters allein daher, daß er in einem jahrelangen Training intuitiv Einblick in die physikalischen Zusammenhänge zwischen Kräften, Drehungen und Drehmomenten gewonnen hat.

Ein Ball mit Drall:
Wie die Eigendrehung bei Flummis, beim Racquetball oder beim Squash für unliebsame Überraschungen sorgt

Sportarten wie Racquetball oder Squash, bei denen die allseitige Umwandung mit zur Spielfläche gehört, verlangen vom Spieler viel Können beim Abschätzen von Winkel und Geschwindigkeit des von der Wand zurückprallenden Balls. Bestimmend für dessen Verhalten sind elementare physikalische Gesetzmäßigkeiten über den elastischen Stoß. Das Verständnis dieser Zusammenhänge erlaubt es dem Spieler, den Ricochet (das heißt das Abprallen) eines heransausenden Balls vorherzusehen oder selbst gezielt den Ricochet zu berechnen, bei dem der Ball für den Gegner unerreichbar wird. Zur besseren Verdeutlichung dieser Phänomene will ich zunächst über einige verblüffende Tricks sprechen, die sich mit einem hochelastischen Silikonball vorführen lassen, wie man ihn in Spielwarenläden bekommt.

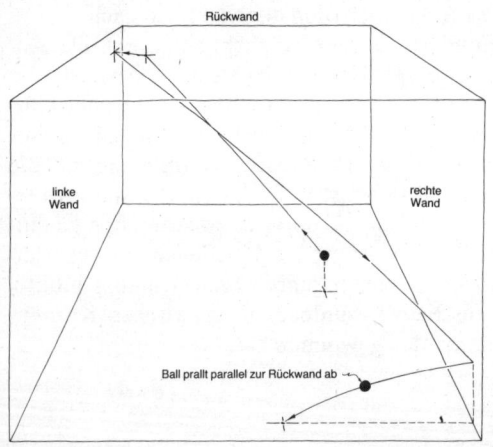

Bild 1: Der teuflische Z-Schlag beim Racquetball.

Der Rückprall eines vollelastischen, nicht rutschenden Balls

Dieser Spielzeugball – genannt Flummi – ist fast vollkommen elastisch: Läßt man ihn fallen, so springt er annähernd wieder bis in die Hand zurück. (Ein ideal elastischer Ball würde im Vakuum auf seine volle Ausgangshöhe zurückkehren.) Der Ball hat außerdem eine rauhe Oberfläche, so daß er nicht rutscht, wenn man ihn schräg über den Fußboden wirft. Beides, Rauhigkeit und Elastizität, bewirken, daß sich der Ball beim Springen teils sehr seltsam verhält.

Werfe ich den Ball zum Beispiel schräg nach unten, so hüpft er in einer Wechselfolge von kurzen, hohen und weiten, flachen Sprüngen über den Boden (Bild 2). Wenn ich ihm zusätzlich einen Drall gebe, springt er statt dessen nur immer vor und zurück, bis die Wurfenergie aufgebraucht ist. Den verblüffendsten Effekt erzielt man, wenn man den Ball unter einen Tisch wirft. Ein glatter Ball würde zwischen Boden und Tischplatte hin- und herprallen, bis er die andere Seite des Tisches erreicht hätte; der rauhe, elastische Ball dagegen hüpft zum Werfer zurück.

Um den Rückprall eines Balls von einer Oberfläche zu untersuchen, wollen wir zunächst einen auf dem Boden auftreffenden Ball aus vollelastischem Material betrachten. Angenommen, der Ball be-

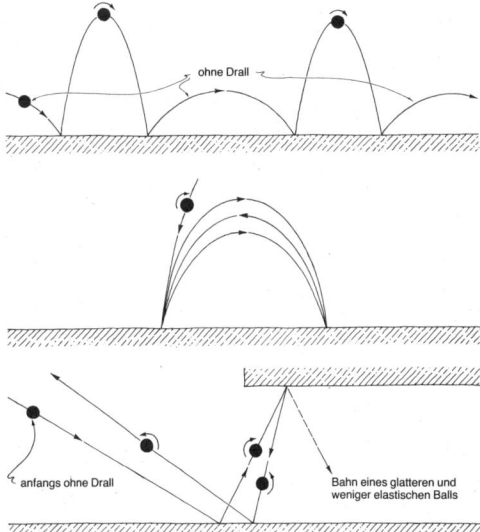

ohne Drall

anfangs ohne Drall

Bahn eines glatteren und weniger elastischen Balls

Bild 2: Die seltsamen Hüpfer eines Flummi.

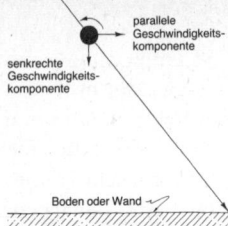

parallele
Geschwindigkeits-
komponente

senkrechte
Geschwindigkeits-
komponente

Boden oder Wand

Bild 3: Die beiden Geschwindigkeitskomponenten des Balls.

wegt sich schräg nach rechts unten auf den Boden zu. Dann gibt man seine Geschwindigkeit zweckmäßigerweise in zwei Komponenten an, einer senkrecht und einer parallel zum Boden (Bild 3). Zusätzlich kann der Ball um seinen Mittelpunkt rotieren. Eine Drehung im Uhrzeigersinn nennen wir negativ, die entgegengesetzte positiv.

Die kinetische Energie des Balls setzt sich, so betrachtet, aus drei Teilen zusammen, einem für jede Geschwindigkeitskomponente und einem für die Drehung (Spin). Da der Ball vollelastisch ist, ändert sich durch den Aufprall an der kinetischen Energie insgesamt nichts. (Man sagt, die kinetische Energie bleibt erhalten.) Freilich gilt das nur für einen idealen Ball bei einem idealen Stoß. In Wirklichkeit geht etwas kinetische Energie verloren, indem sie in andere Energieformen – etwa in innere Schwingungen des Balls – umgewandelt wird. Solche Verluste werde ich vernachlässigen und mich auf die Bewegung eines vollkommen elastischen Balls beschränken.

Der Aufprall des Balls auf dem Boden ändert die senkrechte Geschwindigkeitskomponente auf einfache Weise: Er kehrt schlicht ihre Richtung um, während ihr Betrag und damit ihr Anteil an der kinetischen Energie unverändert bleibt. Die parallele Komponente und der Spin ändern sich dagegen auf kompliziertere Weise, wobei die kinetische Energie insgesamt jedoch erhalten bleibt. So kann sich durch den elastischen Stoß zwar der Spin verringern, aber dann muß die parallele Geschwindigkeitskomponente gerade so viel zunehmen, daß die Gesamtbewegungsenergie gleich bleibt. Diese Forderung nach Energieerhaltung ist eine große Hilfe bei der Vorausberechnung des zurückprallenden Balls.

Ein anderer wichtiger Punkt ist die Erhaltung des Gesamtimpulses. Eine Impulskomponente liefert der Spin; sie ist gleich dem Produkt aus Eigendrehfrequenz und Trägheitsmoment des Balls. Bei Drehung im Uhrzeigersinn ist der Spindrehimpuls negativ, bei entgegengesetztem Drehsinn positiv. Das Trägheitsmoment hängt von der Masse des Balls und ihrer Verteilung ab. Bei einem Ball gleichmäßiger Dichte beträgt es zwei Fünftel des Produkts aus Masse und Quadrat des Radius.

Die zweite Komponente des Drehimpulses hängt davon ab, wie schnell sich der Ball zum Zeitpunkt des Aufpralls parallel zum Boden bewegt. Sie ist gleich dem Produkt aus Masse, Parallelgeschwindigkeit und Radius des Balls. Bewegt sich der Ball nach rechts, ist sie negativ, andernfalls positiv. Durch den Stoß können sich Betrag und Richtung beider Drehimpulskomponenten ändern, doch der Gesamtdrehimpuls bleibt erhalten. Es gilt also: Egal wie man den Ball auf den Boden wirft oder welchen Spin man ihm gibt, am Ende hat er dieselbe kinetische Energie und denselben Gesamtdrehimpuls wie zu Anfang.

Am besten kann man das sehen, wenn man den Ball einfach auf den Boden fallen läßt. Dreht er sich anfangs nicht, darf er auch keinen Drall haben, wenn er in die Hand zurückspringt. Seine gesamte kinetische Energie steckt in der senkrechten Geschwindigkeitskomponente. Da diese durch den Stoß nur umgekehrt wird, ohne daß sich ihr Betrag ändert, bleibt auch die Bewegungsenergie konstant; denn nichts davon kann auf den Spin oder die parallele Geschwindigkeitskomponente übertragen werden. Der Ball muß also wieder geradewegs zurück nach oben. Dieses Ergebnis befriedigt auch den Drehimpulserhaltungssatz: Vor und nach dem Stoß ist der Balldrehimpuls Null.

Angenommen, man verleiht dem Ball einen Drall im Uhrzeigersinn. Durch den Aufprall bekommt er nun eine andere Richtung (Bild 4). Beim Auftreffen auf dem Boden erzeugt der Spin eine nach rechts gerichtete Reibungskraft. Diese kehrt den Drehsinn des Spins um und verleiht dem Ball zugleich eine parallele Geschwindigkeitskomponente, so daß er nach rechts wegspringt. Die Energie dafür wird von der ursprünglichen Energie der Eigenrotation des Balls abgezweigt.

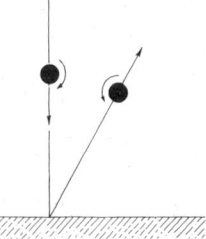

Bild 4: Wie der Drall den Ball beim Aufprall ablenkt.

Die umgekehrte Energieübertragung findet statt, wenn man den Ball ohne Drall schräg auf den Boden wirft. Eigentlich hatte ich erwartet, daß die Flugbahn nach dem Aufprall gerade so steil sein würde wie diejenige vor dem Aufprall. Tatsächlich ist sie jedoch steiler, weil sich beim Stoßvorgang die Parallelgeschwindigkeit verringert und der entsprechende Anteil der kinetischen Energie in Rotationsenergie umgewandelt wird. Bezogen auf den Drehimpuls heißt das, daß der mit der Parallelgeschwindigkeit zusammenhängende Anteil abnimmt und der Spinanteil sich (gegenüber null) erhöht. Gesamtbewegungsenergie und Gesamtdrehimpuls bleiben erhalten.

Die Steilheit der Flugbahn nach dem Aufprall hängt von der Steilheit vor dem Aufprall sowie vom Ausgangsspin ab (Bild 5). Ist dieser negativ (im Uhrzeigersinn), so verläuft die Flugbahn weniger steil als bei einem Ball ohne Drall. Ein starker Spin zu Beginn läßt den Ball nach dem Aufprall flach über den Boden schießen. Ist der Ausgangsspin dagegen positiv (gegen den Uhrzeigersinn), so hüpft der Ball in jedem Fall steiler hoch, als er aufgetroffen ist.

Dabei kann es passieren, daß er – je nach Stärke des Spins – senkrecht nach oben oder gar rückwärts springt. Senkrecht steigt er auf, wenn das Produkt aus Spin und Ballradius gerade drei Viertel der anfänglichen Parallelgeschwindigkeit beträgt. Bei noch größerem (positivem) Spin springt der Ball nach links zurück.

Der Einfluß der Reibung

Dieses Verhalten des abprallenden Balls läßt sich mit der Reibung beim Auftreffen auf dem Boden erklären. Die Reibungskraft ist der Bewegungsrichtung der Balloberfläche entgegengesetzt. Im Moment der Berührung hat die Oberflächenbewegung zwei Ursachen: die Parallelgeschwindigkeit und den Spin. Die Reibung wirkt der Summe

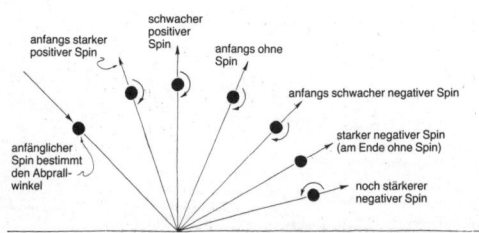

Bild 5: Wie die Abprallrichtung vom Ausgangsspin abhängt.

der beiden entgegen. Wird der Ball beispielsweise schräg ohne Spin auf den Boden geworfen, so bewegt sich die den Boden berührende Oberfläche nach rechts. Die auf sie wirkende Reibungskraft weist somit nach links und setzt die Parallelgeschwindigkeit herab. Der Ball prallt mit verminderter Parallelgeschwindigkeit nach rechts ab. Da der Betrag der senkrechten Geschwindigkeitskomponente unverändert bleibt, fliegt der Ball auf einer steileren Bahn nach oben, als er sich in Richtung Boden bewegt hat.

Was passiert nun, wenn der Ball mehrfach hintereinander vom Boden abprallt? Angenommen, er wird zunächst ohne Spin nach rechts geworfen. Der erste Aufprall kehrt die senkrechte Geschwindigkeitskomponente um, verringert die Parallelkomponente und erzeugt einen Spin im Uhrzeigersinn. Der Ball erreicht den höchsten Punkt und fällt wieder zu Boden. Das Überraschende ist nun, daß er durch den zweiten Aufprall die alten Werte für den Spin (nämlich null) und die Parallelgeschwindigkeit zurückerhält. Hüpft der Ball weiter über den Boden, so nimmt er nach jeder geraden Anzahl von Sprüngen wieder die Ausgangswerte von Spin und Parallelgeschwindigkeit an.

Diese Erscheinung ließ sich mit dem Flummi leicht beobachten. Um den Spin verfolgen zu können, zeichnete ich einfach einen Kreis auf den Ballumfang. Warf ich den Ball nun ohne Drall auf den Boden, dann war der erste Sprung hoch und kurz, so daß der Ball bis zum nächsten Aufprall nicht weit in horizontaler Richtung vorankam. Gleichzeitig drehte er sich im Uhrzeigersinn. Der nächste Sprung war flach und weit, und der Ball hatte praktisch keinen Spin. Danach wiederholte der Ball diese Sequenz aus hohen, kurzen und flachen, weiten Sprüngen. Da er nicht vollkommen elastisch war, verlor er bei jedem Aufprall jedoch etwas Energie, so daß er die Sprungfolge nicht endlos fortsetzte.

Das Wechselspiel zwischen Spin und Parallelgeschwindigkeit ist auch für das seltsame Verhalten eines Balls verantwortlich, der so nach rechts auf den Boden geworfen wird, daß er auf die Unterseite einer Tischplatte trifft (Bild 2). Hat der Ball zunächst keinen Spin, so springt er steil und mit starkem Drall im Uhrzeigersinn vom Boden in die Höhe, stößt gegen die Tischplatte und prallt mit entgegengesetztem Spin nach links ab. Nach dem zweiten Aufprall auf dem Boden fliegt er mit immer noch leicht positivem Spin weiter nach links. Die senkrechte Geschwindigkeitskomponente wurde dreimal umgekehrt, hat ihren Betrag aber nicht geändert. Auch die Parallelgeschwindigkeit hat ihre Richtung nach links umgekehrt und den Betrag nahezu beibehalten. Der Ball fliegt also fast zur Abwurfposition zurück.

Was geschähe, wenn der Ball glatter und weniger elastisch wäre? Beim ersten Aufprall entstünde nur ein schwacher Spin, und beim Stoß gegen die Unterseite der Tischplatte würde sich die parallele Bewegungsrichtung des Balls nicht nach links umkehren. Der Ball flöge also nach rechts und spränge so lange zwischen Boden und Tischplatte hin und her, bis seine kinetische Energie aufgezehrt wäre.

Als nächstes wollen wir uns einem ideal elastischen, hohlen Racquetball zuwenden. Mit ihm sollten die gleichen Kunststückchen möglich sein wie mit dem kompakten Flummi. Allerdings ändern sich wegen des kleineren Trägheitsmoments beim hohlen Ball die Werte für den Spin. So springt ein schräg nach rechts auf den Boden geworfener Ball bereits genau senkrecht nach oben, wenn das Produkt aus Spin (der natürlich gegen den Uhrzeigersinn gerichtet sein muß) und Ballradius gerade ein Viertel der Parallelgeschwindigkeit – und nicht drei Viertel – beträgt.

Bälle mit Effet

Beim Racquetball wird gegen die Stirnwand des Spielfeldes aufgeschlagen. Der Ball springt von dort zurück und gelangt entweder direkt oder nach dem Abprallen von den Seitenwänden zum Gegner. Der muß ihn zurück zur Stirnwand befördern, bevor er zweimal den Boden berührt hat. Außer beim Aufschlag darf der Ball auch gegen die Rückwand oder die Decke geschlagen werden.

Der Spieler kann dem Ball auf zwei Arten Effet verleihen: indem er den Schläger entweder an der Oberseite oder an der Unterseite des Balls entlang nach vorn zieht. Im ersten Fall erzeugt er Topspin,

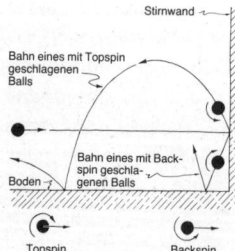

Bild 6: Die Wirkung von Topspin und Backspin.

im zweiten Backspin. Bild 6 zeigt die beiden Spins von der rechten Seite des Spielfeldes aus gesehen.

Nehmen wir einen hart mit Topspin niedrig auf die Stirnwand geschlagenen Ball. Der Stoßvorgang ähnelt einem derjenigen, die ich für den Flummi beschrieben habe. Der Topspin (in Bild 6 im Uhrzeigersinn) ruft eine nach oben gerichtete Reibungskraft hervor, die den Ball nach oben ablenkt und den Spin umkehrt. Trifft der Ball wieder auf den Boden, so läßt ihn der jetzt positive Spin (gegen den Uhrzeigersinn) einen flachen Satz in Richtung hinteres Spielfeld machen. Der mögliche Vorteil liegt darin, daß der Gegner den hohen Abpraller von der Stirnwand oder den niedrigen Sprung vom Boden nicht erwartet.

Schlägt man den Ball dagegen hart mit Backspin niedrig in Richtung Stirnwand, so trifft er mit negativem Spin (im Uhrzeigersinn) dicht an der Stirnwand auf den Boden. Von dort prallt er steil nach oben ab. Der mögliche Vorteil dieses Schlages ist, daß der Gegner den Ball vielleicht nicht erreicht, bevor er ein zweites Mal den Boden berührt.

Ich persönlich schlage normalerweise so, daß der Ball zunächst nur wenig oder gar keinen Drall hat und erst beim Abprallen von der Wand oder Decke Effet bekommt. Betrachten wir den Schlag gegen die Decke, den ich oft anwende, um das Spieltempo zu wechseln. Mein Gegner muß sich bei diesem Schlag nicht nur auf den neuen Flugweg einstellen, sondern auch auf tückische Abpraller vom Boden.

Angenommen, ich lasse den Ball von der Stirnwand an die Decke prallen (Bild 7). Von dort kommt er dann mit negativem Spin (im Uhrzeigersinn) zurück. Beim Aufprall auf den Boden wird seine Parallelgeschwindigkeit folglich stark verringert, was ihn fast senkrecht hochspringen läßt. Mein Gegner, der für den Abpraller eine Flugbahn erwartet, die der des auftreffenden Balls entspricht, wartet daher zu weit hinten im Spielfeld.

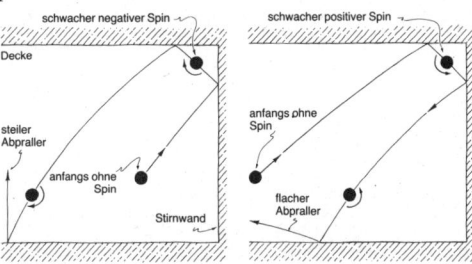

Bild 7: Möglichkeiten, die Decke ins Spiel einzubeziehen.

Lasse ich den Ball von der Decke zur Stirnwand springen, so trifft er mit positivem Spin auf den Boden auf (Bild 7). Dabei wird seine Parallelgeschwindigkeit erhöht, und er schießt in einem flachen Satz nach hinten davon. Wieder schätzt der Gegner die Flugbahn des Abprallers falsch ein und verpaßt den Ball.

Angenommen, man läßt den Ball von der Stirnwand auf die linke Seite des Spielfeldes zurückprallen. Betrachtet man das Geschehen von oben und vernachlässigt die Krümmung der Flugbahnen durch die Schwerkraft, so gleicht die Situation der des schräg auf den Boden geworfenen Flummi. Der Aufprall kehrt die senkrechte Geschwindigkeitskomponente (jetzt bezogen auf die Stirnwand) um, verringert die Parallelgeschwindigkeit (in Richtung auf die linke Seitenwand) und erzeugt einen Spin gegen den Uhrzeigersinn. Wegen der herabgesetzten Parallelgeschwindigkeit ist die Flugbahn von oben gesehen nach dem Aufprall steiler bezüglich der Stirnwand als vorher. Auf solche Abpraller kann sich ein Gegner beim Racquetball jedoch schnell einstellen.

Wenn der Ball um die Ecke springt

Nur schwerer vorausberechnen läßt sich dagegen ein Schlag, der zwei Wände einbezieht – zum Beispiel einer, bei dem der Ball von der Stirnwand an die linke Seitenwand prallt. Dieser Schlag ist – wieder in Vogelperspektive – in Bild 8 gezeigt. Beim ersten Aufprall erhält der Ball einen negativen Spin (im Uhrzeigersinn) und eine Geschwindigkeitskomponente in Richtung Rückwand.

Kann man den Ball in beliebiger Richtung von der Seitenwand abprallen lassen, oder ist der Abprallwinkel festgelegt? Kann der Spin am Ende beliebige positive oder negative Werte einschließlich null haben? Zur Beantwortung dieser Fragen nahm ich ein paar mathematische Formeln zu Hilfe, die Richard L. Garwin von der Columbia-Universität in New York und George L. Strobel von der Universität von Georgia unabhängig voneinander veröffentlicht hatten.

Nehmen wir an, der Ball werde ohne Drall und möglichst schräg in Richtung Stirnwand geschlagen; seine senkrechte Geschwindigkeitskomponente (bezogen auf die Stirnwand) ist entsprechend klein. Einen solchen Schlag kann man vorne von der rechten Seitenwand aus machen. Ein ideal elastischer Racquetball kommt in diesem Fall – so meine Berechnungen – unter einem Winkel von etwa 12 Grad von der linken Wand zurück. Steht man mehr in Richtung Spielfeldmitte, so ist die senkrechte Geschwindigkeitskomponente von Anfang an größer, und der Abprallwinkel von der linken Wand wird kleiner; der Ball fliegt entlang der Wand in den hinteren Teil des Spielfeldes. Man kann sich diesen Sachverhalt im Spiel zunutze machen. Angenommen, der Gegner steht nahe der Mitte der rechten Wand. Schlägt man den Ball nun so über die Stirnwand gegen die linke Wand, daß er daran entlang in den hinteren Spielfeldbereich fliegt, so hat der Gegner kaum eine Chance, den Ball zurückzuschlagen. Selbst wenn er nicht weit von der Flugbahn entfernt ist, kann der flache Abpraller von der Seitenwand zumindest verwirrend wirken.

Der Praxistest mit einem echten Racquetball bestätigte meine Berechnungen im großen und ganzen. Der steilste Abprallwinkel von der Seitenwand war allerdings größer als die vorhergesagten 12 Grad. Erhöhte ich die Anfangsgeschwindigkeit in senkrechter Richtung, indem ich mich von der rechten Vorderhälfte zur Spielfeldmitte hin bewegte, so wurde der Abprallwinkel erwartungsgemäß immer kleiner, bis der Ball auf seiner Bahn nach hinten fast parallel an der linken Wand entlangstrich.

Die Diskrepanz zwischen tatsächlichem und berechnetem Abprallen von der Seitenwand beruht auf der unvollkommenen Elastizität eines echten Racquetballs. Trifft der Ball senkrecht auf eine Wand, so wird er gleichmäßig zusammengedrückt und seine Energie in Form von elastischer potentieller Energie gespeichert. Nur ein Teil davon verwandelt sich allerdings in Bewegungsenergie zurück, wenn der Ball von der Wand wegspringt und dabei wieder Kugelform annimmt. Er hat dann vielleicht noch 60 Prozent seiner ursprünglichen kinetischen Energie. Entsprechend beträgt auch die senkrechte Geschwindigkeitskomponente nur mehr knapp 80 Prozent des Anfangswertes. (Das Verhältnis zwischen neuer und alter Geschwindigkeit ist proportional zur Wurzel aus dem Verhältnis zwischen neuer und alter Energie.)

Bei schrägem Aufprall gestaltet sich die Berechnung schwieriger, weil der Ball nicht gleichförmig zusammengedrückt wird und das Ausmaß der Verformung vom Aufprallwinkel abhängt. Zudem verringert der Verlust an Bewegungsenergie und Drehimpuls in diesem Fall auch den Spin und die Parallelgeschwindigkeit. (Wenn der Ball so schräg abgeschossen wird, daß er den Boden oder die Wand praktisch nur streift, kann man den Energieverlust hören: Es entsteht ein hoher Quietschton, während der Ball die Oberfläche berührt.) Um meine Berechnungen realistischer zu machen, multiplizierte ich daher Spin und Parallelgeschwindigkeit nach einem schrägen Aufprall mit 0,4. Dadurch verbesserte sich die Übereinstimmung zwischen berechneten und tatsächlichen Abprallwinkeln.

Ähnlich läßt sich auch erklären, warum ein Racquetball anders als ein Flummi nicht wieder zurückkommt, wenn man ihn unter den Tisch wirft. Die Energie- und Drehimpulsverluste beim Aufprall auf den Boden sowie auf die Unterseite der Tischplatte bewirken, daß der Ball anschließend nahezu senkrecht unter dem Tisch auf und ab hüpft, bis seine kinetische Energie verbraucht ist.

Kann man den Ball so gegen die Stirnwand schlagen, daß er von einer Seitenwand parallel zur Stirnwand zurückspringt? Mit so einem Schlag würde man jedes Spiel gewinnen, weil der Gegner unmöglich rechtzeitig an den Ball kommen könnte. Aber leider ist dieser Schlag nicht möglich. Ein Abpraller von einer Seitenwand geht immer mehr oder weniger steil nach hinten.

Kann der Spin eines abprallenden Balles jeden beliebigen Wert – positiv, negativ oder null – annehmen? Die Antwort ist ja; denn der Spin hängt vom Ausgangsverhältnis zwischen senkrechter und paralleler Geschwindigkeitskomponente ab. Bei einem ideal elastischen Racquetball ergibt sich der Spin null, wenn dieses Verhältnis eins zu fünf beträgt. Ein kleinerer Quotient bewirkt einen – von oben gesehen – negativen Spin (im Uhrzeigersinn), ein größerer einen positiven.

Toll anzusehen ist der über drei Wände gehende Z-Schlag (Bild 1). Als er in den frühen siebziger Jahren aufkam, foppte er selbst die erfahrensten Spieler. Der Ball wird oben links auf die Stirnwand geschlagen, springt von dort auf die linke Seitenwand, fliegt dann quer über das Spielfeld nach hinten auf die rechte Seitenwand und prallt von dieser schließlich parallel zur Rückwand ab.

Um diesen letzten Abpraller vorauszuahnen, braucht der Gegner schon Erfahrung; aber selbst dann ist der Ball nur schwer zur Stirnwand zurückzubringen. Auch wenn ich den Z-Schlag nicht perfekt ausführe, ist der Ball schwer zurückzuschlagen, wenn er vom Boden in Richtung Rückwand springt. Mein Gegenspieler muß ihn dann in der Nähe der Rückwand erwischen, bevor er ein zweites Mal auf den Boden springt.

Anfangs zweifelte ich, ob es einen perfekten Z-Schlag überhaupt geben könne, bei dem der letzte Abpraller tatsächlich genau parallel zur Rückwand fliegt. Mit meinem mathematischen Rüstzeug bewaffnet, machte ich mich also daran, die Stationen des Balls zu verfolgen.

Dabei stieß ich gleich zu Anfang auf ein Problem. Nimmt man an,

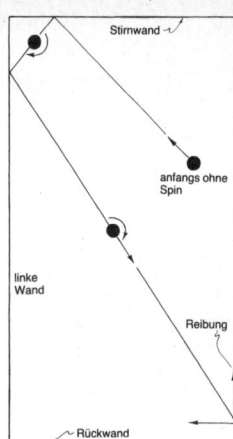

Bild 8: Der Z-Schlag von oben betrachtet.

der Ball sei ideal elastisch, so prallt er von der linken Wand unter einem derart flachen Winkel ab, daß er statt auf die rechte Wand direkt auf die Rückwand trifft. Für meine Berechnung verlängerte ich also regelwidrig das Spielfeld. Außerdem vernachlässigte ich die Krümmung der Flugbahnen durch die Schwerkraft und tat so, als ob sich der Ball in einer Ebene parallel zum Boden bewege.

Beim Z-Schlag steht der Spieler etwa auf der Hälfte des Spielfeldes an der rechten Wand. Er schlägt den Ball so links oben gegen die Stirnwand, daß er jeweils etwa einen Meter von der Ecke und von der Decke entfernt auftrifft und zur linken Seitenwand springt. Von dort prallt der Ball dann mit negativem Spin (im Uhrzeigersinn) ab. Beim Aufprall auf die rechte Seitenwand entsteht folglich eine Reibungskraft in Richtung Stirnwand.

Betrachten wir die Geschwindigkeit und den Spin unmittelbar vor und nach dem anschließenden Stoß des Balls gegen die rechte Wand. Bei dem Aufprall wird die Geschwindigkeitskomponente senkrecht zur Wand wie üblich umgekehrt, so daß sie anschließend von der Wand weg, also nach links, weist. Was aber geschieht mit dem Spin und der Parallelgeschwindigkeit?

Der Stoß ähnelt einem schon besprochenen. Die Reibung während des Stoßes wirkt sowohl dem Spin als auch der Parallelgeschwindigkeit entgegen; den Spin kehrt sie dabei um, während sie die Parallelgeschwindigkeit nur verringert. Diese Verringerung kann allerdings so weit gehen, daß die Parallelgeschwindigkeit null wird.

Die Flugbahn des Balls verläuft dann senkrecht zur Seitenwand. So kommt es, daß bei einem perfekten Z-Schlag der Ball am Ende parallel zur Rückwand fliegt.

Berücksichtigte ich bei meinen Berechnungen die Energieverluste bei jedem Aufprall, so entsprachen die Ergebnisse eher dem tatsächlichen Verlauf eines Z-Schlags in einem Spielfeld mit den richtigen Abmessungen. Die Möglichkeit, daß der Ball schließlich parallel zur Rückwand abprallt, bleibt dabei bestehen. Dennoch gilt meine Rechnung auch nach dieser Korrektur nur näherungsweise, weil die wirkliche Flugbahn in drei Dimensionen verläuft. Die Annahme einer ebenen Bahn bedingt, daß die Drehachse für den Spin immer vertikal ausgerichtet ist. In Wirklichkeit hat sie oft eine andere Orientierung.

Auch der Rundumschlag geht über drei Wände. Dabei springt der Ball von der rechten Seitenwand zur Stirnwand und von dort zur linken Seitenwand. Der Schlag soll den Gegner verwirren; aber wenn der Ball am Ende wieder ungefähr in der Spielfeldmitte ankommt, kann er leicht zur Stirnwand retourniert werden. Ich überlegte daher, ob man diesen Schlag nicht auch so ausführen könne, daß der Ball von der linken Seitenwand schließlich parallel zur Stirnwand abprallt. Da mein Gegenspieler den Ball im hinteren Spielfeldbereich erwarten würde, könnte ich ihn mit diesem unerwarteten Abpraller sicherlich überrumpeln.

Ich versuchte den Schlag auf alle möglichen Arten – ohne Erfolg. Lag es an meiner mangelnden Geschicklichkeit?

Als letzten Ausweg nahm ich wieder Zuflucht zur Mathematik. Die Rechnungen zeigten, daß so ein Schlag tatsächlich möglich ist, sofern der Ball sehr hart unter einem flachen Winkel gegen die rechte Seitenwand geschlagen wird. Hätte ich früher nachgerechnet, wäre mir viel unnütze Akrobatik mit dem Schläger erspart geblieben. Man kann diese Analyse auf viele weitere Schläge mit dem hohlen Racquetball oder dem kompakten Flummi ausdehnen. Vielleicht gibt es sogar noch ein paar ganz raffinierte, die auch die Racquetprofis bisher nicht entdeckt haben. Wer die Energieverluste des Balls bei schrägem Aufprall untersuchen oder seine Flugbahn in drei Dimensionen bei beliebig orientierter Spinachse verfolgen möchte, dem sei eine Simulation auf dem Computer angeraten.

Und noch eine Warnung an jene, die mit dem Flummi im Racquetfeld experimentieren wollen: Ich habe es einmal probiert. Dabei sauste der Ball so rasant durch die Gegend, daß ich mich nur schleunigst aus der Schußlinie bringen konnte . . .

Gekonnte Stöße beim Billard:
Nachläufer, Rückläufer und andere raffinierte Stöße

Billard und Physik hatten schon immer miteinander zu tun: Kugeln stoßen gegeneinander und gegen die Banden des Tisches wie Gas-Moleküle in einer Art zweidimensionalem Behälter. Tatsächlich ist die Physik der Billard-Spiele aber komplizierter. So kann zum Beispiel ein geschickter Spieler der Kugel einen Drall geben, um Stöße wie den Nachläufer, den Rückläufer und den Massé-Stoß zu erreichen. Die Wechselbeziehung zwischen Queue und Kugel ist vielleicht die schwierigste Anwendung der klassischen Mechanik. Um die Kräfte und Rollstrecken zu beherrschen, muß man das Spiel oft und analytisch spielen. Hilfreich dabei ist es, die physikalischen Gesetze des Billardspiels zu verstehen.

Die Analysen einiger klassischer Stöße im Billard stammen von Todd King aus Temple City in Kalifornien. Bis in die siebziger Jahre waren Vorlesungsnotizen von Arnold Sommerfeld (einem der »Väter« der Quantenmechanik) die so gut wie einzigen Studien zum Kräftespiel des Billards. Im Jahr 1982 widmete David F. Griffing (von der Miami University) dem Billard ein Kapitel in seinem Buch »The Dynamics of Sports: Why That's the Way the Ball Bounces«. Auf diese drei Quellen stütze ich mich im folgenden, wenn ich die Physik des Billardspiels erörtere.

Zuerst beschreibe ich einige einfache Zusammenhänge. Dann gehe ich auf mehrere berühmte, raffinierte Stöße ein, wie sie das Bild 1 und das Buch »Byrne's Treasury of Trick Shots in Pool and Billards« von Robert Byrne darstellen.

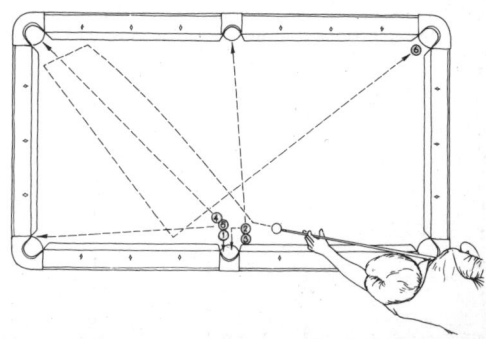

Bild 1: Der »Superstoß«.

Eine Kugel kommt ins Rollen: Hoch- und Tiefstöße

Das Queue stößt die Billardkugel nicht nur nach vorn, sondern versetzt sie meist auch in Rotation. Für die Anfangsgeschwindigkeit, mit der die Kugel ins Rollen kommt, sind zunächst natürlich die Stärke des Stoßes und die Größe der Kraft ausschlaggebend, die während der kurzen Stoßzeit auf die Kugel wirken. Dabei wird ein »harter« Stoß die Kugel mit viel größerer Geschwindigkeit und Impuls wegkatapultieren als ein »sanfter«.

Wird das Queue waagrecht gehalten und mit der Spitze auf die Mittellinie der dem Spieler zugewandten Seite der Kugel gestoßen (Bild 2), so dreht sich die Billardkugel beim Vorwärtsrollen um eine horizontal durch den Mittelpunkt verlaufende Drehachse. Mit welcher Drehzahl und welchem Drall (Drehimpuls) die Kugel startet, hängt zunächst von der Größe des Drehmoments ab – das heißt vom Produkt aus der Kraft, die das Queue auf die Kugel ausübt, und dem Hebelarm zwischen Kugelmittelpunkt und Stoßrichtung. Das Drehmoment ist um so größer, je höher der Stoß angesetzt wird. Allerdings wird die Drehzahl um so niedriger liegen, je höher das Trägheitsmoment der Kugel ist. Das Trägheitsmoment ist eine Größe, die von der Massenverteilung in bezug zum Schwerpunkt abhängt und angibt, wie leicht (oder schwer) sich ein Gegenstand in Drehung versetzen läßt.

Bei einer Kugel, deren Drehachse immer durch den Mittelpunkt verläuft, beträgt das Trägheitsmoment zwei Fünftel der Kugelmasse multipliziert mit dem Quadrat des Kugelradius. Wie wir noch sehen werden, spielt der Faktor zwei Fünftel, der nur für eine rotierende homogene Kugel gilt, beim Billard eine große Rolle. Der Billardspieler muß ihn berücksichtigen, wenn er entscheidet, in welcher Höhe er die Kugel bei bestimmten Stößen treffen will.

Bild 2: Horizontaler Topspin-Stoß (rechts) und Anspielpunkte der Kugel (links).

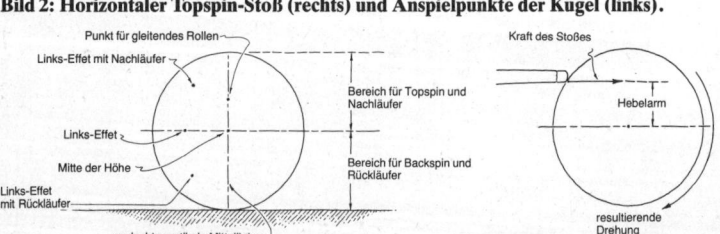

Soll sich die Kugel unmittelbar nach dem Stoß noch nicht drehen, so muß der Spieler sie in einem »Mittelstoß« exakt in der Mitte anstoßen und dabei auf den Schwerpunkt zielen. In diesem Fall verschwinden Hebelarm und Drehmoment, und der Stoß kann keinen Drehimpuls erzeugen.

Beim höher angesetzten »Hochstoß« ist der Hebelarm ungleich null, und es resultiert ein meßbares Drehmoment. Die Kugel bewegt sich durch die Kraft des Stoßes vorwärts und dreht sich um die waagrechte Achse. Das Drehmoment läßt dabei die Kugel so rasch rotieren, daß sie sich beim Start förmlich überschlägt. In diesem Fall entfernt sich ein Punkt auf der Oberseite der Kugel trotz gleicher Schwerpunktgeschwindigkeit schneller vom Spieler als bei reinem Rollen. Eine solche Kugel hat »Topspin«.

Wird die Billardkugel dagegen bei einem »Tiefstoß« auf ihrer Unterseite angestoßen, bekommt sie einen Rückwärtsdrall oder »Backspin«. Sie rotiert dann in einem Drehsinn, der dem der Rollbewegung entgegengesetzt ist.

Wenn der Stoß also auf die gedachte vertikale Mittellinie gerichtet ist, hat der Spieler demnach drei Möglichkeiten, die Bewegung der Kugel zu beeinflussen: Mit der Stoßhärte bestimmt er die Schwerpunktgeschwindigkeit unmittelbar nach dem Stoß; durch die Wahl eines Hoch- oder Tiefstoßes den Drehsinn; durch die Länge des Hebelarms und die Kraft die Drehzahl.

Reibung auch auf glattem Filz

Ohne Reibung an der Oberfläche des Tisches würde sich die angestoßene Kugel ungehindert fortbewegen, bis sie gegen eine andere Kugel oder gegen die Bande stößt. Selbst eine glattgespielte Oberfläche jedoch kann noch für eine bedeutende Reibung sorgen, wenn die Kugel über die Bespannung gleitet. Reibung kann sowohl die Drehung als auch die Bewegung des Schwerpunkts so stark verändern, daß die Kugel unglaubliche Bahnen durchläuft und sich bei Zusammenstößen ganz unerwartet verhält.

Wenn die Kugel über den Tisch rollt (Rollreibung) und nicht gleitet (Gleitreibung), ist die Reibung gering. Sie beeinträchtigt höchstens die Rollstrecke der Kugel.

Um die Wirkung der Gleitreibungskraft zu verstehen, muß man wissen, daß sie nur vom Gewicht der Kugel und von der Beschaffenheit ihrer Oberfläche sowie der des Tischfilzes abhängt. Im Gegensatz zu den meisten anderen Reibungsarten ist sie aber von der Geschwindigkeit unabhängig. Aus Bild 2 ist zu entnehmen, daß die Unterseite einer Kugel mit Topspin entgegengesetzt zur Stoßrichtung und zur Bewegung des Schwerpunkts zum Spieler hin gleitet. Die Reibungskraft zeigt deshalb in Stoßrichtung, so daß sie die Topspin-Drehung zwar abbremst, die Kugel aber weiter vom Spieler weg-treibt. Topspin-Kugeln haben deshalb besonders große Reichweiten, weil ihre Drehung sie zusätzlich antreibt.

Nehmen wir an, der Spieler führt einen Tiefstoß aus. Die Kugel verhält sich nun ganz anders. Die Reibungskraft am Auflagepunkt der Kugel ist jetzt zum Spieler gerichtet, so daß sie nicht nur die Dre-hung, sondern auch die Bewegung des Schwerpunkts bremst. Mög-licherweise kommt die Drehung ganz zum Stillstand, um dann mit umgekehrtem Drehsinn wieder bis zum reinen Rollen zuzunehmen. Auf jeden Fall haben mit Backspin gestoßene Kugeln nur kleine Reichweiten.

Nach einem Hochstoß rutscht der Auflagepunkt der Kugel so lange über den Filz, bis die Umfangsgeschwindigkeit – die als Folge der Drehung gleich der mit 2π und dem Radius multiplizierten Drehzahl ist – den Wert der Geschwindigkeit des Kugelschwer-punkts angenommen hat. (Der Schwerpunktimpuls ist gleich Masse mal Geschwindigkeit der Kugel.) Dann rollt die Kugel, ohne zu glei-ten, weiter.

Ein geschickter Billardspieler kann aber auch eine Kugel so ansto-ßen, daß sie weder während der Stoßphase noch danach rutscht. Dies ist nicht einmal besonders schwierig, wenn man weiß, daß man dazu die Kugel mit horizontal gerichtetem Queue nur genau in je-nem Punkt der vertikalen Mittelebene treffen muß, der um zwei Fünftel des Radius' über dem Kugelmittelpunkt liegt. Daß wir hier wieder der Zahl zwei Fünftel begegnen, ist kein Zufall, weil sich die-ser Faktor in der Formel des Drehmoments dann gerade gegen den entsprechenden Faktor im Trägheitsmoment heraushebt. In dieser Höhe befinden sich übrigens auch die Banden, so daß eine rollende Kugel auch nach der Reflexion ohne zu gleiten weiterrollt.

Wird die Spielkugel also oberhalb dieses Punktes angestoßen, so dreht sie sich zunächst im Topspin zu schnell, als daß sie nur rollen würde. Die Reibung bewirkt dann, daß sich Umfangsgeschwindig-keit und Geschwindigkeit des Schwerpunktes angleichen. Trifft das Queue in einer Höhe, die zwischen dem Radius R und dem besonde-ren Punkt $R + \frac{2}{5}R$ über dem Tischfilz liegt, so dreht sich die Kugel zwar in derselben Richtung wie beim reinen Rollen, ihre Drehzahl ist jedoch zu niedrig. Die Kugel gleitet an ihrem Auflagepunkt noch etwas in Stoßrichtung. Die Reibung verringert die Schwerpunktgeschwindigkeit so weit, bis die Kugel richtig rollt.

Wird die Kugel schließlich unterhalb ihres Äquators getroffen, bekommt sie mit dem Backspin den »falschen« Drall mit auf den Weg. Die Reibung bremst in diesem Fall sowohl die Drehung als auch die Schwerpunktbewegung ab. Dadurch kehrt sich schließlich der Drehsinn um, und die Kugel rollt dann ohne zu gleiten weiter.

Die ersten Zusammenstöße

Bis jetzt haben wir gesehen, wie ein geschickter Spieler eine Kugel mit unterschiedlichen Geschwindigkeiten auf eine lange oder kurze Reise schicken kann, indem er den richtigen Hoch- oder Tiefstoß ansetzt. Die Geschwindigkeit des Schwerpunktes der Kugel ist für ihn aber nur von untergeordneter Bedeutung. Der Spieler ist wahrscheinlich viel stärker damit beschäftigt zu beobachten, mit welchem Drall die gestoßene »Spiel«-Kugel auf die angepeilte »Ziel«-Kugel prallt.

Bei einem solchen Zusammenstoß gibt die Spielkugel Impuls an die Zielkugel ab; bei einem Zentralstoß überträgt sie sogar ihren gesamten Impuls auf die Zielkugel. Der Schwerpunkt der Spielkugel bleibt nach einem solchen Aufprall also einfach stehen. Wenn sich die Kugeln dagegen nur streifen, behält die Spielkugel einen Teil ihres Impulses und rollt weiter.

Es muß nun noch geklärt werden, wie der Zusammenstoß Drehsinn und Drehimpuls der Spielkugel beeinflußt. Dies ist zum Glück nicht weiter schwierig. Da die Oberflächen von Billardkugeln sehr glatt sind und sich nur kurz berühren, darf man die Gleitreibung zwischen den Kugeln vernachlässigen. Wenn aber tangential zu den Kugelflächen keine Reibungskräfte wirken, gibt es auch keine Drehmomente, die den Drehimpuls der Spielkugel ändern könnten. Der Spieler macht sich beim Hoch- und Tiefstoß zunutze, daß sich der Drehimpuls der Spielkugel beim Zusammenprall nicht ändert.

Betrachten wir zunächst eine Spielkugel, die mit merklichem Topspin zentral auf eine ruhende Zielkugel stößt (Bild 3). Unmittelbar nach der Kollision ist der Schwerpunkt der Spielkugel in Ruhe. Da sie aber ihre Drehung beibehält, greift die vorwärts gerichtete Reibungskraft weiter am Auflagepunkt an. Die Reibung bremst die Drehung, beschleunigt aber den Kugelschwerpunkt in Stoßrichtung.

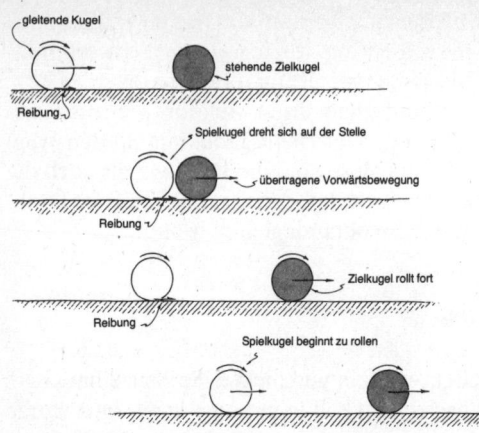

Bild 3: Die vier Phasen eines Nachläufers.

Die Spielkugel setzt sich also unmittelbar nach dem Stoß wieder in Bewegung und rollt als »Nachläufer« hinter der Zielkugel her. Aus diesem Grund werden Hochstöße auch als Nachlaufstöße oder kurz als Nachläufer bezeichnet.

Bei einer Spielkugel mit Backspin läuft alles entsprechend umgekehrt ab: Nach dem Zentralstoß ist ihr Schwerpunkt zunächst in Ruhe, während sie um ihre horizontale Drehachse weiter rotiert, diesmal allerdings mit umgekehrtem Drehsinn. Die Reibungskraft, die die Drehung abbremst, beschleunigt deshalb den Schwerpunkt der Spielkugel entgegen der Stoßrichtung. So kehrt sie als »Rückläufer« oder »Zurückzieher« zum Spieler zurück. Ein Tiefstoß wird daher auch als Rückläuferstoß bezeichnet. Mit Rückläuferstößen lassen sich Kugeln ins Loch bringen, auch wenn sie dicht davor liegen, ohne daß die Spielkugel mit ins Loch fällt.

Die Spielkugel bekommt Effet

Da ich bis jetzt nur über Stöße geschrieben habe, bei denen die Stoßrichtung in einer senkrechten Ebene durch den Kugelmittelpunkt lag, rotierten die Spielkugeln bisher nur um horizontale Drehachsen. Trifft das Queue die Kugel dagegen seitlich, in der Flanke, so geht die Drehachse zwar immer noch durch den Mittelpunkt, ist aber nicht mehr horizontal.

Ein »Seitenstoß«, der irgendwo auf den horizontalen Äquator der Kugel gerichtet ist, erzeugt beispielsweise eine Drehung um die vertikale Achse. Entsprechend sagt man, die Kugel habe »Links-Effet«, wenn sie, vom Spieler aus, links getroffen wird und danach, von oben gesehen, im Uhrzeigersinn rotiert. Selbstverständlich ist der Drehsinn der rechts gestoßenen Kugel mit »Rechts-Effet« gerade umgekehrt.

Wie beim Hoch- und Tiefstoß bestimmen auch beim Seitenstoß Kraft, Stoßdauer und hauptsächlich der Hebelarm die Drehzahl. Deshalb rotiert die Kugel bei gleich stark geführten Stößen um so schneller, je weiter am Rand sie getroffen wird.

Wie alle Drehungen wird auch der Links- und der Rechts-Effet durch Reibungskräfte abgebremst. Auf die Bahn der Kugel hat diese Reibung jedoch keinen Einfluß, solange die Drehachse senkrecht steht; denn dann heben sich die rotationssymmetrischen Reibungskräfte paarweise auf.

Wird die Spielkugel nicht mehr in der Äquatorebene, sondern oben oder unten seitlich getroffen, so ist die Drehachse seitlich geneigt und liegt zwischen der Horizontalen und der Vertikalen. Solche Drehungen kann man in zwei Komponenten zerlegen. Ist ein Tiefstoß auf die linke Seite gerichtet, erhält die Kugel beispielsweise Links-Effet mit Backspin und ihr Schwerpunkt selbstverständlich noch Impuls in Stoßrichtung. Er wird im weiteren Verlauf der Bewegung durch die Backspin-Reibung verkleinert, während der Effet nur eine »bohrende«, die Drehung verlangsamende Reibung erzeugt.

Reflexion und krumme Bahnen

Da der Effet weder die Bahn der Spielkugel noch ihre Reichweite irgendwie verändert, werden Sie sich nun fragen, warum man beim Billard überhaupt mit Effet spielt. Um diese Frage zu klären, genügt

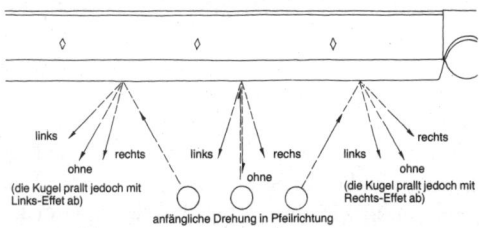

Bild 4: Die Wirkung von Effet auf die Spielkugel.

ein Blick auf Bild 4. Prallt eine Kugel ohne Effet auf die Bande, so wird sie nach dem Reflexionsgesetz, daß Einfalls- und Reflexionswinkel gleich sind, zurückgeworfen. Der Effet hingegen erzeugt eine zusätzliche Ablenkung. Trifft eine Kugel beispielsweise ohne Effet im rechten Winkel auf die Bande, so läuft sie auf derselben Bahn wieder zurück. Hat sie dagegen Links-Effet, wird sie beim Aufprall zur linken Seite des Spieles hin abgelenkt. Dafür ist die Reibung zwischen der rotierenden Kugel und der Bande verantwortlich.

Um die Ursache näher zu erforschen, betrachten wir den Aufprall von oben. Die Kugel dreht sich dann im Uhrzeigersinn, so daß an der Bande eine nach links gerichtete Reibungskraft auftritt. Sie beschleunigt den Schwerpunkt der Kugel nach links. Deshalb hat sich nach dem Aufprall nicht nur die Richtung der Geschwindigkeit des Schwerpunkts umgedreht, sondern die Geschwindigkeit hat dazu noch eine nach links gerichtete Komponente bekommen. Die Kugel bewegt sich also geradlinig in der Richtung, die aus der Überlagerung der beiden Geschwindigkeitskomponenten resultiert.

Wenn eine Kugel mit Links-Effet nicht senkrecht, sondern unter einem beliebigen Winkel auf die Bande prallt, kehrt sich ebenfalls die zur Bande senkrechte Geschwindigkeitskomponente um. Die Reibung vergrößert die zur Bande parallele Komponente und lenkt die Kugel wieder nach links ab. Ein Billardspieler hält sich deshalb an die einfache Merkregel, nach der Kugeln mit Links-Effet bei der Reflexion nach links und Kugeln mit Rechts-Effet nach rechts abgelenkt werden.

Eine Kugel, die ohne Effet auf die Bande prallt, wird zwar nach dem Reflexionsgesetz zurückgeworfen, erhält dabei aber Effet. Sobald nämlich die Kugel die Bande berührt, erzeugt die zur Bande parallele Geschwindigkeitskomponente eine ihr entgegengesetzte Reibungskraft und damit Drehmoment und Effet. Trifft die Kugel beispielsweise ohne Effet von rechts auf die Bande, so bekommt sie Links-Effet.

Bisher haben wir nur Billardkugeln betrachtet, deren Rotationsachsen in einer senkrechten Ebene quer zur Rollrichtung lagen. Es gibt aber auch Stöße, bei denen dies nicht der Fall ist. Zu ihnen gehört der Massé-Stoß, bei dem das Queue fast senkrecht von oben auf die Seite der Spielkugel gerichtet wird. Die horizontale Komponente der Stoßrichtung bestimmt dabei wieder den Anfangsimpuls der Schwerpunktbewegung. Jetzt erzeugt die Drehung jedoch Reibungskräfte, die die Kugel auf eine gekrümmte Bahn lenken (Bild 5).

Nehmen wir einmal an, daß der Spieler kräftig auf die linke Seite

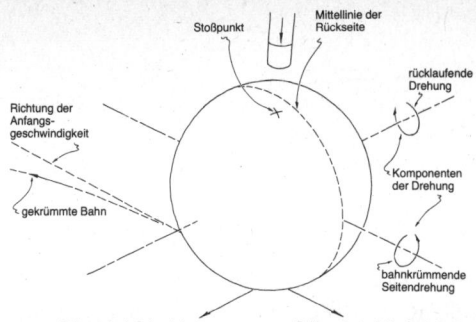

Bild 5: Drehung und Reibung bei einem Massé-Stoß.

der Kugel stößt und die Kugel bei dem harten Stoß und dem langen Hebelarm einen hohen Drehimpuls mitbekommt. Die Drehachse wird dann zwar näherungsweise horizontal liegen, aber nicht auf der Anfangsgeschwindigkeit senkrecht stehen.

Der Einfachheit halber soll nun der Drehimpuls in zwei Komponenten zerlegt werden; eine für eine Achse parallel zur Anfangsgeschwindigkeit und eine zweite für eine Achse parallel zur Ausbreitungsrichtung. Diese zweite Komponente bringt nichts Neues, weil sie dieselbe Auswirkung hat wie der Backspin beim Rückläufer-Stoß. Dagegen bewirkt die erste (parallele) Drehimpulskomponente, daß die Reibungskräfte sich am Auflagepunkt der Kugel nicht mehr kompensieren, sondern eine resultierende Reibungskraft erzeugen, die in unserem Fall senkrecht zur Anfangsgeschwindigkeit nach links zeigt und die Kugel auf eine Parabelbahn zwingt.

Erfahrene Billardspieler benutzen den Massé-Stoß, um die Spielkugel um ein Hindernis herum auf die Zielkugel zu schießen. Eine noch verwickeltere Lage, bei der ein Massé-Stoß Abhilfe schafft, ist in Bild 6 skizziert. Dabei gilt es, zuerst die Kugel Nummer 15 und

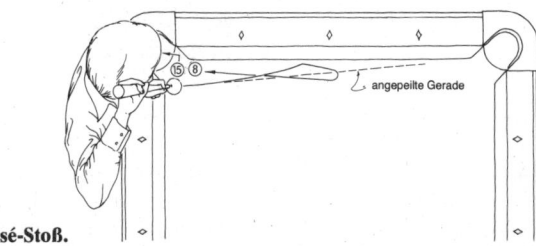

Bild 6: Ein Massé-Stoß.

dann die Nummer 8 mit einem einzigen Stoß in das Loch zu befördern. Um diese scheinbar unlösbare Aufgabe zu erfüllen, erhält die
Spielkugel einen Massé-Stoß. Darauf treibt sie Kugel Nummer 15 in
das Loch, um dann auf gekrümmter Bahn an Kugel Nummer 8 vorbei zur Bande zu rollen. Nach der Reflexion stößt sie tatsächlich
Kugel Nummer 8 in das Loch.

Bemerkenswert ist, daß hier der Backspin die Reflexion an der
Bande kaum beeinflußt und die Spielkugel wegen der quergerichte-
ten Reibungskraft in der Nähe der Bande bleibt. Nach der Reflexion
stoppt der Backspin die horizontale Bewegung des Schwerpunkts
vollends ab. Da die Kugel aber weiter rotiert, läuft sie zum Spieler
zurück, während die nach wie vor quer wirkende Reibungskraft sie
zur Bande hinzieht. Deshalb bewirkt der vom Massé-Stoß erzeugte
Backspin schließlich, daß die Spielkugel doch noch die Kugel Nummer 8 in der Nähe der Bande trifft und an der Ecke des Spielfeldes in
das Loch stößt.

Weitere Karambolagen

Wenn die Spielkugel auf eine ruhende Zielkugel trifft, gibt sie an
diese einen Teil ihres Impulses und ihrer kinetischen Energie ab.
Wie wir oben gesehen haben, werden Impuls und kinetische Energie
des Schwerpunkts bei einem Zentralstoß praktisch vollständig übertragen, so daß die Spielkugel nach dem Stoß stehenbleibt. Aber was
passiert bei einem streifenden »Schnittstoß«, wenn die Spielkugel
auf eine Flanke der Zielkugel prallt?

Die Erfahrung zeigt, daß in solchen Fällen die beiden Kugeln nach
dem Stoß unter einem Winkel von 90 Grad auseinanderlaufen.
Streng genommen ist der Winkel zwar etwas kleiner, weil der Stoß
nicht vollkommen elastisch ist und etwas kinetische Energie verlorengeht; ich werde auf diese Komplikation im folgenden aber nicht
weiter eingehen.

Man kann leicht voraussagen, wohin Spiel- und Zielkugel nach
einem Zusammenstoß rollen, wenn man durch den Berührpunkt der
Kugeln eine gerade Verbindungslinie zu den Mittelpunkten der
Kugeln zieht (Bild 7). Entlang dieser Verbindungslinie wirken die
elastischen Kräfte, die die Kugeln beim Zusammenstoß aufeinander
ausüben. Und in dieser Richtung wird auch die anfangs ruhende
Zielkugel beschleunigt.

Wir haben dabei allerdings stillschweigend vorausgesetzt, daß die

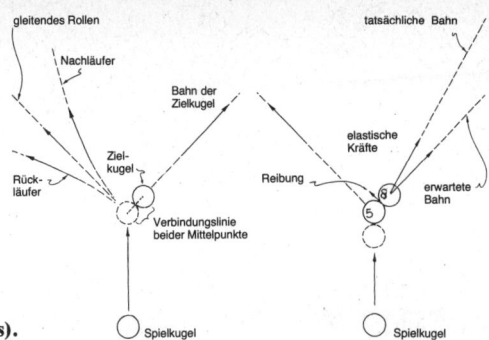

Bild 7: Stöße mit einer Zielkugel (links) und zwei »klebenden« Kugeln (rechts).

Reibungskräfte, die im Berührpunkt der Kugeln tangential zu den Kugelflächen wirken, keine wesentliche Rolle spielen. Dies ist auch tatsächlich der Fall. Aus Erfahrung kann ein geschickter Billardspieler deshalb die Verbindungslinie vorplanen und die Zielkugel so treffen, daß sie genau in der gewünschten Richtung wegrollt, um zum Beispiel im richtigen Loch des Pool-Billardtisches zu verschwinden. Er kann dabei auch sicher sein, daß seine Spielkugel senkrecht zu dieser Richtung weiterrollt.

Die Sache wird jedoch verzwickter, wenn die Spielkugel mit einem Hoch- oder Tiefstoß auf die Reise geschickt wurde und beim Zusammenprall noch Topspin oder Backspin hat. In diesem Fall folgt die Spielkugel nach dem Stoß einer gekrümmten Bahn.

Diese Erscheinung läßt sich leicht erklären. Als Beispiel betrachten wir eine Spielkugel mit Topspin und bedenken, daß sie bei praktisch verschwindender Stoßreibung keinen Drehimpuls abgeben kann. Da sich nur die Richtung der Geschwindigkeit ändert, hat dies zur Folge, daß der (unveränderte) Drehimpuls nach dem Stoß eine Komponente senkrecht zur neuen Geschwindigkeitsrichtung hat (für den »neuen« Topspin) und eine zweite parallele Komponente. Diese zweite Drehimpulskomponente bewirkt Reibungskräfte senkrecht zur Rollrichtung und lenkt die Kugel seitlich ab. Dadurch biegt sich die Bahnkurve bei einem Nachläufer nach dem Stoß gerade in die Richtung der »alten« Geschwindigkeit.

Bei einem Rückläufer ist es umgekehrt. Bei ihm nimmt der Winkel, unter dem die Kugeln nach dem Stoß auseinanderlaufen, immer mehr zu.

Karambolagen mit Kreide

Obwohl die Reibung der Kugeln während der Kollision praktisch be-
deutungslos ist, kann man sie im Prinzip künstlich vergrößern, indem man die Zielkugel mit Kreide einreibt. Auf diese Weise lassen
sich recht originelle Karambolagen herbeiführen.

Ein besonders gelungenes Beispiel ist in Byrnes Buch enthalten
und in Bild 8 wiedergegeben. Der Spieler muß dabei Kugel Nummer 5 in das Loch zu ihrer Rechten stoßen, ohne mit der Spielkugel
die markierte Kugel zu berühren. Normalerweise ist dies ein Ding
der Unmöglichkeit, weil die Kugel Nummer 5 nur dann im Loch landet, wenn die Verbindungslinie zwischen ihr und der Spielkugel zum
Loch zeigt. Dann ist aber die markierte Kugel im Weg.

Ich verrate Ihnen gerne den Trick, der das Unmögliche möglich
macht. Der Spieler reibt die Kugel Nummer 5 auf ihrer linken Seite
mit Kreide ein und läßt dort die Spielkugel mit etwas Rechts-Effet
abprallen. Neben der Stoßkraft, die in der Richtung der Verbindungslinie der Kugelmittelpunkte wirkt, gibt es wegen der Kreide
dieses Mal auch senkrecht dazu eine merkliche Reibungskraft. Die
Kugel Nummer 5 setzt sich deshalb in Richtung der Resultierenden
beider Kräfte in Bewegung, die bei einem gelungenen Stoß genau in
das Loch an der Ecke des Spielfeldes zeigt.

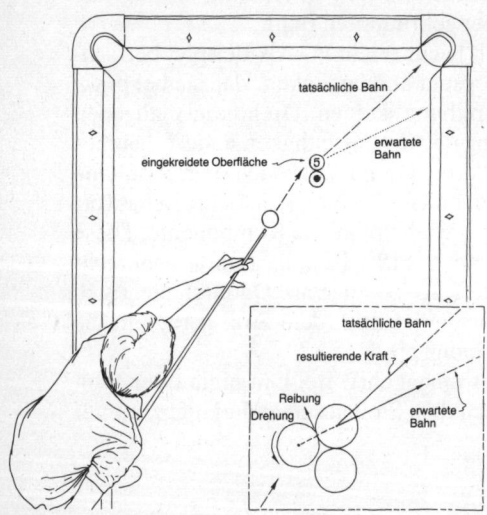

**Bild 8: Die Reibung
zwischen zwei Zielkugeln.**

Byrnes Trick ist in den Billard-Spielregeln selbstverständlich nicht vorgesehen und würde mit einer Disqualifikation geahndet. Es gibt aber eine legale Möglichkeit, Reibungskräfte zwischen stoßenden Kugeln zum eigenen Vorteil zu nutzen. Stößt nämlich die Spielkugel auf eine Zielkugel, die gerade an einer anderen »klebt« oder die Bande berührt, so kann die Haftreibung die Bahn der Zielkugel merklich verändern. Dies ist rechts unten in Bild 7 dargestellt.

Der Zusammenstoß mit der »angeklebten« Zielkugel läßt sich am besten verstehen, wenn man ihn in zwei Phasen zerlegt. Zuerst überträgt die Spielkugel kinetische Energie und Impuls auf die Kugel Nummer 5, die dann auf die Kugel Nummer 8 prallt. Eigentlich sollten diese beiden Kugeln unter einem rechten Winkel auseinanderlaufen. Wegen der Reibung strebt die Nummer 8 aber mehr in Vorwärtsrichtung. Tatsächlich bewegt sich die Kugel Nummer 5 während des Stoßes senkrecht zur Verbindungslinie mit der Nummer 8, während Nummer 8 sich in dieser Richtung in Bewegung setzen sollte. Sie tut es aber nicht, weil sich die »verklebten« Oberflächen stärker reiben und die Kugel Nummer 5 ihre Nachbarin in ihrer Richtung etwas mitzieht. Dadurch schwenkt sie die Bahn der Nummer 8 in die Vorwärtsrichtung.

Zum Schluß ein »Superstoß«

Als letztes Beispiel möchte ich noch den Billard-Stoß von Bild 1 analysieren, der in jüngster Zeit berühmt wurde, weil ihn der Meister im Pool-Billard, Steve Mizerak, in einem Werbespot vorgeführt hat. Bei diesem Stoß geht es darum, fünf Kugeln, die vor dem Loch an einer Seitenbande angeordnet sind, dazu noch eine sechste, die vor einem Loch in einer Ecke liegt, mit einem einzigen Stoß in die Taschen zu versenken.

Ich selbst hätte keine Chance, diese Aufgabe zu lösen. Man sagt Mizerak jedoch nach, daß er bei vier Versuchen dreimal erfolgreich sei.

Wie schafft er das? Nun, er versetzt der Spielkugel auf der linken Seite mit einem kräftigen Hochstoß Topspin (damit sie weit rollen kann) und Links-Effet. Und das hat Folgen. Zunächst wird die Kugel Nummer 2 angestoßen. Darauf greifen drei Kräfte an ihr an: Eine wirkt in Richtung der Verbindungslinie zur Spielkugel; eine andere entlang der Verbindungslinie zwischen Nummer 2 und Nummer 3; eine dritte schließlich als Reibungskraft senkrecht dazu, weil die beiden Zielkugeln ja aneinanderhaften. Die Resultierende dieser drei Kräfte katapultiert die Kugel Nummer 2 auf die Nummer 5, an der sie abprallt, ehe sie an der Seitenbande im Loch verschwindet.

Inzwischen hat auch die Kugel Nummer 3 unter der Wirkung der beiden von Nummer 2 ausgeübten Kräfte sich in Bewegung gesetzt. Die elastische Kraft, die entlang der Verbindungslinie zur Kugel Nummer 2 gerichtet war, befördert sie unsanft gegen die Bande, von der sie auf die gegenüberliegende Seite zurückgeworfen wird. Sie würde dort das Loch verfehlen, hätte ihr nicht die Haftreibung einen zusätzlichen Schubs versetzt.

Aber trotz dieser Erfolge liegen immer noch vier Kugeln auf dem Spielfeld, von denen wir uns nun der Nummer 5 zuwenden müssen. Sie wurde nämlich gerade von der Nummer 2 angestoßen und dabei in der Richtung ihrer Verbindungslinie beschleunigt. Sie rollt aber nicht in dieser Richtung weg, da sie vor dem Stoß die Kugeln Nummer 1 und 4 berührte und folglich noch zweimal Reibung senkrecht zu den entsprechenden Verbindungslinien auftrat. Das war auch gut so, denn auf diese Weise fällt Kugel 5 genau in die Tasche an der linken Ecke. Außerdem setzen diese Reibungskräfte auch die Kugeln Nummer 1 und 4 in Bewegung, die darauf »selbstverständlich« zielstrebig in ihre Löcher rollen.

Damit wären fünf Kugeln vom Tisch. Und die Spielkugel hatte währenddessen Zeit, nach ihrer Kollision mit der Nummer 2 ohne merkliche Einbuße an Drehimpuls die gegenüberliegende Bande zu erreichen. Allerdings steht ihre Drehachse seit diesem Zusammenstoß nicht mehr senkrecht auf der Geschwindigkeitsrichtung, so daß die Kugel nach links von ihrer geraden Bahn abweicht und die Bande näher am Eckloch erreicht. Da sie dort bei der Reflexion den größten Teil ihres Drehimpulses verliert, geht es geradlinig weiter. Nach zwei weiteren Bandenstößen muß sie nur noch die Kugel Nummer 6 am anderen Ende des Spielfeldes in einer Tasche versenken.

Nach einem solchen Stoß ist eigentlich keine weitere Steigerung mehr möglich. Es gibt aber noch Tausende anderer interessanter Konfigurationen auf einem Billardtisch, die einer Analyse wert sind.

Besonders lohnend sind für Sie sicher die häufig vorkommenden Fälle, in denen die Spielkugel Gruppen aneinanderhaftender Zielkugeln in alle Himmelsrichtungen verteilt. Byrne hat viele solcher Beispiele zusammengetragen, die von den Billard-Meistern des 19. Jahrhunderts ausgeheckt wurden.

Vielleicht sind Sie auch an Stößen interessiert, bei denen die Kugel von der Tischfläche abhebt und in Sprüngen über das Spielfeld hüpft. Seien Sie aber vorsichtig, daß Sie dabei das teure Billardtuch nicht durchlöchern. Der Besitzer des Billard-Salons schätzt nämlich solche Aktionen auch dann nicht, wenn sie der wissenschaftlichen Forschung dienen.

Alle Zehne beim Bowling:
Die Kugel mit Drall und der perfekte Strike

Beim Bowling mit zehn Kegeln bringt man eine schwere Kugel mit Schwung auf eine lange, schmale Bahn; das Ziel ist, Kegel umzuwerfen, die am Ende zu einem Dreieck aufgebaut sind (Bild 1). Die Kugel trifft gewöhnlich einige der zehn Pins (so heißen die Kegel beim Bowling), die dann in einer Kettenreaktion andere Pins umstoßen – entweder direkt oder nachdem sie von den Seitenwänden oder der Rückwand der Bahn abgeprallt sind.

Für jeden abgeräumten Pin gibt es einen Punkt. Fallen alle Pins, hat man einen sogenannten Strike erzielt, und man erhält nicht nur zehn Punkte, sondern auch die Möglichkeit, nach erneutem Aufstellen der Pins weitere Punkte zu machen. In einem Durchgang kann man bis zu 30 Punkte gewinnen. Ist dagegen der erste Wurf kein Strike, so hat man im selben Durchgang nur noch einen Wurf, um die restlichen Pins (den Spare) abzuräumen. Man will also mit jedem ersten Wurf eines Durchgangs einen Strike machen.

Wie sollte man die Kugel werfen, um die Chancen für einen Strike zu erhöhen? Viele Neulinge geben die Kugel ungefähr in der Bahnmitte frei, so daß sie geradlinig auf den vordersten Pin (den Headpin) zuläuft. Dies ist ein Wurf aufs Geratewohl: Der Pin ist so weit entfernt, daß man kaum präzise zielen kann; außerdem scheint das Verhalten des Pins beim Fallen nicht vorhersagbar. Dennoch ergibt der Wurf gelegentlich einen Strike.

Ein erfahrener Bowler geht oft auf verläßlichere Weise vor, indem er die Kugel an einer Seite der Bahn auf den Weg schickt. Er zielt

Bild 1: Die Bowlingbahn und der Weg der Kugel.

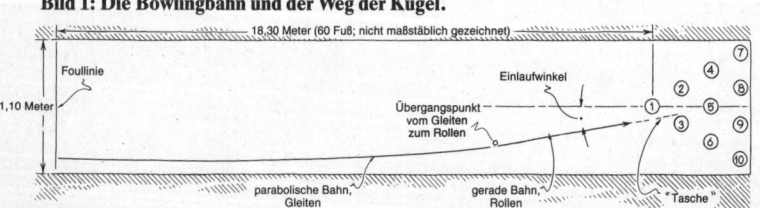

dabei nicht direkt auf die Pins, sondern auf Bahnmarkierungen in einer Entfernung von etwa 4,60 Metern (15 Fuß). Zusätzlich gibt er der Kugel im Augenblick der Freigabe einen Seitwärtsdrall (Sidespin). Die Kugel scheint sich zunächst parallel zur Bahnseite zu bewegen, dann aber dem Headpin zuzuwenden und sich ihm unter einem deutlich erkennbaren Winkel zu nähern. Der Zielpunkt, genannt Tasche oder Pocket, liegt rechts oder links der Dreiecksspitze zwischen dem Headpin und dem folgenden Pin.

Erfahrene Spieler bestehen darauf, daß sich die Wahrscheinlichkeit eines Strikes erheblich erhöhe, wenn man der Kugel einen Drall gibt. Vielleicht haben sie recht. Das Spiel hängt jedoch von so vielen veränderlichen Faktoren ab, daß man diese Behauptung nur schwer im Versuch überprüfen kann; ich möchte sie statt dessen auf theoretischem Wege prüfen. Warum erzeugt der Seitwärtsdrall eine gekrümmte Bahn? Macht die Kugel an einem bestimmten Punkt ihrer Bahn einen Haken? Warum würde ein Einlaufen in die Pins unter einem Winkel die Wahrscheinlichkeit eines Strikes erhöhen? Ist der Einlaufwinkel so groß, wie manche Bowler behaupten?

Bahn, Pins und Kugel

Auf der Bowlingbahn ist eine Foullinie aufgemalt, die der Spieler beim Freigeben der Kugel nicht überschreiten darf. Der Headpin ist 18,30 Meter (60 Fuß) von dieser Linie entfernt. Die hölzernen Pins, von denen jeder 38 Zentimeter (15 Zoll) hoch ist und nicht mehr als 1,63 Kilogramm wiegt, sind ihrer Stellung entsprechend durchnumeriert; der Headpin ist der Einser-Kegel. Der Abstand zwischen den Mitten benachbarter Pins beträgt 30 Zentimeter (ein Fuß). Die Kegel haben einen runden Querschnitt, und ihr größter Durchmesser ist kleiner als 12,7 Zentimeter (fünf Zoll).

Die Kugel, die bis zu 7,25 Kilogramm wiegen kann und deren Durchmesser weniger als knapp 22 Zentimeter betragen muß, hat in der Regel drei Löcher, in die man Daumen und zwei Finger steckt. (Gewichte in der Kugel gleichen den Gewichtsverlust durch die Löcher aus.) Die Oberfläche der Kugel besteht aus Kunststoff oder einer harten Gummiverbindung. Man schwingt die Kugel zunächst nach hinten und dann – zügig auf die Foullinie zugehend – in einer Pendelbewegung nach vorne, wobei die Handfläche unter und gerade hinter der Kugel bleibt. Bei Erreichen der Foullinie bückt man sich und gleitet dann mit einem nach hinten ausgestrecktem Bein vorwärts, so daß die Kugel tief liegt. In dem Augenblick schließlich, in dem die Kugel den tiefsten Punkt des Schwunges erreicht (oder ganz kurze Zeit danach), gibt man sie frei.

Die Bahn, gefertigt aus schmalen Holzbohlen, ist knapp 1,10 Meter (3,5 Fuß) breit und auf beiden Seiten durch eine Rinne begrenzt. Der vordere Teil der Bahn ist mit einem öligen Material behandelt, so daß die Kugel anfangs eher gleitet als rollt. Die Länge des eingeölten Abschnitts ist von Bowlingbahn zu Bowlingbahn unterschiedlich. Auf meiner Lieblingsbowlingbahn, den Tuxedo-Lines im Süden von Cleveland (Ohio), ist das erste Drittel der Bahnen geölt, mit Ausnahme schmaler Streifen entlang der Rinnen.

Die Wirkung des Sidespins

Den gekrümmten Weg der Kugel haben Don C. Hopkins und James D. Patterson von der Schule für Bergbau und Technik von Süddakota in Rapid City 1977 erstmals rechnerisch untersucht. Ich werde ihre Ergebnisse etwas vereinfachen und außerdem auf einen Rechtshänder beschränken, der die Kugel genau in Vorwärtsrichtung auf der rechten Bahnseite spielt.

Im Moment des Freigebens zieht man die Finger auf der rechten Seite der Kugel kräftig nach oben, so daß die Kugel einen Drall gegen den Uhrzeigersinn erhält. Während die Kugel die Bahn entlanggleitet, unterliegt sie zwei verschiedenen Reibungskräften (Bild 2): eine ist nach hinten und der Vorwärtsbewegung entgegengerichtet, die andere Kraft nach links und der Drehbewegung entgegengerichtet; erstere verringert die Vorwärtsgeschwindigkeit der Kugel, letztere bewegt sie von der Rinne weg, entlang der sie anfangs gleitet.

Hat der Spieler der Kugel einen Rückwärtsdrall gegeben, erreicht die Kugelunterseite sogar eine größere Vorwärtsgeschwindigkeit als ihr Zentrum. Beim Gleiten der Kugel verlangsamt die nach hinten

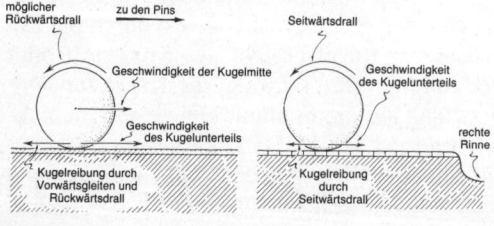

Bild 2: Die Reibung, die auf eine gleitende Kugel wirkt.

gerichtete Reibung die Kugelmitte. Gleichzeitig verringert sie die Geschwindigkeit der Kugelunterseite und dreht sie schließlich um. Wenn beide Geschwindigkeiten übereinstimmen, beginnt das Rollen.

Ein ähnliches Wechselspiel von Reibung und Geschwindigkeit verwandelt auch den Drall. Von hinten gesehen, bewegt sich die Kugelunterseite nach rechts, während anfangs die Kugelmitte von der Abwurfrichtung nicht abweicht. Erst wenn die dem Drall entgegenwirkende Reibung greift, beginnt sie auch die Kugelmitte nach links zu drücken. Ist die Geschwindigkeit der Kugelunterseite nach rechts gleich der Geschwindigkeit der Mitte nach links, beginnt das Rollen der Kugel. Dieser Übergang vollzieht sich gleichzeitig mit dem Übergang zum Rollen in Vorwärtsrichtung.

Während des Gleitens lenkt die zusammengesetzte Reibung die Kugel entlang einer parabolischen Bahn nach links ab, deren Krümmung von den Anfangswerten von Drall und Vorwärtsgeschwindigkeit abhängt. Zum Beispiel verringert eine höhere Geschwindigkeit oder ein kleinerer Drall die Krümmung. In dem Augenblick, in dem das Rollen beginnt, verläßt die Kugel die Parabel auf einer Tangente und bewegt sich dann auf einer Geraden weiter.

Die Rolle des Einlaufwinkels

Um den Winkel dieses Geradeausrollens – also den Einlaufwinkel zu den Pins – zu bestimmen, schätzten Hopkins und Patterson die der Kugel mitgegebene Vorwärtsgeschwindigkeit und den Drall ab. Außerdem wählten sie einen typischen Wert für den Reibungskoeffizienten, der ein Maß für die Oberflächenrauheit und die Schmierung zwischen Kugel und Bahn ist. In allen ihren Berechnungen war der Einlaufwinkel nie größer als 3 Grad. Ein derart kleiner Winkel scheint kaum die Mühe zu rechtfertigen, der Kugel einen Drall zu geben.

Ich fragte mich, ob der Winkel nur deshalb so klein war, weil Hopkins und Patterson vorausgesetzt hatten, daß der Reibungswert auf dem ganzen Weg bis zu den Kegeln gleichbleibend klein sei. Ich spielte mit ihren Gleichungen, um herauszufinden, ob das Fehlen der Bahnölung nach einem Drittel des Weges einen größeren Winkel erzeugen würde.

Was ich herausfand, überraschte mich: Der Einlaufwinkel ist unabhängig vom Reibungswert, vielmehr allein durch das anfängliche

Verhältnis von Seitwärtsdrall zu Vorwärtsgeschwindigkeit gegeben.
(Rückwärtsdrall spielt eine untergeordnete Rolle.) Bei geringem
Seitwärtsdrall oder großer Vorwärtsgeschwindigkeit ist der Winkel
winzig. Ist der Drall groß und die Vorwärtsgeschwindigkeit mäßig,
kann der Winkel 10 Grad oder sogar etwas mehr betragen.

Obwohl der Reibungswert den Einlaufwinkel der Kugel nicht beeinflußt, bestimmt er, an welcher Stelle der Bahn das Rollen beginnt. Ist der Wert groß, weicht die Kugel früh von ihrer stark gekrümmten Parabelbahn ab und kann so links von der Tasche landen.
Ist dagegen der Wert klein, weicht die Kugel erst spät von einer
schwach gekrümmten Parabelbahn ab und kann rechts von der Tasche landen. (Ist die Bahn ganz geölt, kann die Kugel sogar die Pins
erreichen, noch bevor sie zu rollen beginnt.)

Ein Teil des Geschicks besteht darin herauszufinden, wie man die
Kugel entsprechend dem Reibungswert der bespielten Bahn wirft.
Mit einigen Übungswürfen ist das nicht getan, da die Kugel bei jedem Wurf Öl in den trockenen Bereich trägt und so den Reibungswert dort verändert.

Insgesamt sind diese Ergebnisse nicht sehr überraschend; tatsäch-
lich stimmen sie mit dem Rat professioneller Bowler genau überein.
Läuft die Kugel tief (zu weit rechts) oder hoch (zu weit links) in die
Kegelanordnung ein, sollte man durch die Wahl von Wurfgeschwin-
digkeit und -drall den Einlaufwinkel und den Übergangspunkt zum
Rollen ändern. Auch durch Verlegen der Ausgangsstellung und der
Bahnbreite verschiebt man den Kugelweg nach links oder rechts.
Auch kann man die Kugel statt genau geradeaus schräg nach links
oder rechts werfen, um den Kugelweg um den Abwurfpunkt zu dre-
hen.

Worauf beruht wohl die Behauptung, die Kugel schlage plötzlich
einen Haken? Die Kugel kann ihre Richtung plötzlich ändern, wenn
sie aus dem geölten Bahnbereich in den trockenen gleitet. Die plötz-
liche Erhöhung des Reibungswertes verstärkt augenblicklich die
Krümmung der Parabelbahn. Der Einlaufwinkel ändert sich durch
den Haken jedoch nicht; es wird lediglich ein bestimmter Laufwinkel
früher erreicht als ohne Haken.

Bowling auf dem Papier

Erhöht sich tatsächlich die Wahrscheinlichkeit eines Strikes, wenn der Einlaufwinkel einer mit Seitwärtsdrall gespielten Kugel nur etwa 3 Grad beträgt? Um diese Frage zu beantworten, berechnete ich, was die Kugel macht, wenn sie den Einser-Pin getroffen hat.

Zuerst zeichnete ich eine Aufsicht der Pinanordnung. Sie ist ein gleichseitiges Dreieck aus neun kleineren gleichseitigen Dreiecken; alle Winkel betragen also 60 Grad.

Ich vereinfachte den Stoß durch die Annahme, daß er zu kurz für eine nennenswerte Reibung zwischen Kugel und Pin ist, daß er also – wie meistens auch beim Billard – elastisch ist, daß keine Bewegungs- energie verlorengeht und der Gesamtimpuls der Gegenstände sich nicht ändert. Die Kugel stellte ich durch einen Kreis mit dem dop- pelten Durchmesser eines Pinkreises dar.

Zwei Winkel sind in meiner Untersuchung wichtig (Bild 4): der Einlaufwinkel der Kugel sowie der Berührungswinkel, jener also zwischen der Vorderseite des Einser-Pins bis zu der Stelle, an der ihn die Kugel berührt. Im Augenblick des Stoßes wird der Pin von einer Kraft bewegt, die entlang der Verbindungslinie zwischen den Mitten von Kugel und Pin gerichtet ist. Daher bewegt sich der Pin in eine Richtung, die von der Längsrichtung der Bahn um den Berührungs- winkel abweicht.

Der Stoß lenkt die Kugel aus ihrer ursprünglichen Richtung ab, mithin auch weg von der Richtung des Pins. Der Ablenkwinkel (ich nenne ihn Theta, Θ) hängt vom Winkel zwischen dem ursprünglichen Geschwindigkeitsvektor der Kugel und dem auf den Pin übertrage- nen ab (genannt Phi, Φ). Bild 3 zeigt den Zusammenhang von Θ und Φ. Für die Berechnung nahm ich an, daß die Kugel viermal so schwer wie der Pin ist. Man sieht, daß die größte Ablenkung der Kugel et-

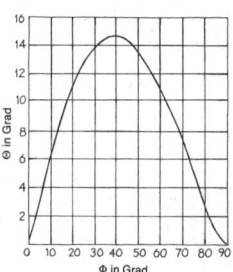

Bild 3: Die Änderung der Kugelablenkung.

was mehr als 14 Grad beträgt. (Ich schicke Ihnen gerne eine Kopie der Berechnungen.)

Der Stoß zwischen zwei Pins ist leichter zu verfolgen. Im Augenblick des Stoßes wird der zweite Pin in Richtung einer die Mitten der Pins verbindenden Linie fortgestoßen. Der erste Pin wird senkrecht dazu abgelenkt (vergleiche in Bild 5 die Stöße zwischen den Pins 3 und 9 oder 6 und 10). Die Ausnahme zu einer solchen senkrechten Ablenkung ist der frontale Zusammenstoß, bei dem der erste Pin stehenbleibt.

Ausgerüstet mit meiner Kurve und einem Stapel von Photokopien der Pinanordnung untersuchte ich, was geschieht, wenn die Kugel den Einser-Pin unter verschiedenen Einlauf- und Berührungswinkeln trifft. Jeder, der eine ähnliche Untersuchung vornimmt (sei es wie ich auf dem Papier oder mit einem Heimcomputer), sollte sich jedoch vor Augen halten, daß die Ergebnisse nur Anhaltspunkte sind, weil sie viele praktische Gesichtspunkte vernachlässigen. Hüpft beispielsweise ein Pin auf der Bahn, nachdem er getroffen worden ist, kann er durch Reibung abgelenkt werden. Fällt er, kann er eine große Schneise schlagen, insbesondere wenn er sich querlegt. Ein Pin kann sogar mit einem anderen Pin in Bewegung zusammenstoßen. Zusätzlich machen unvermeidliche Zeichenfehler den berechneten Weg eines Pins ungenau, nachdem er einen oder zwei andere getroffen hat.

Um den Weg der Kugel durch die Pinanordnung aufzuzeichnen, bestimmt man zuerst die Ablenkung beim Stoß mit dem Einser-Pin. Dann verfolgt man ihre Bahn, bis sie auf den Dreier-Pin trifft und

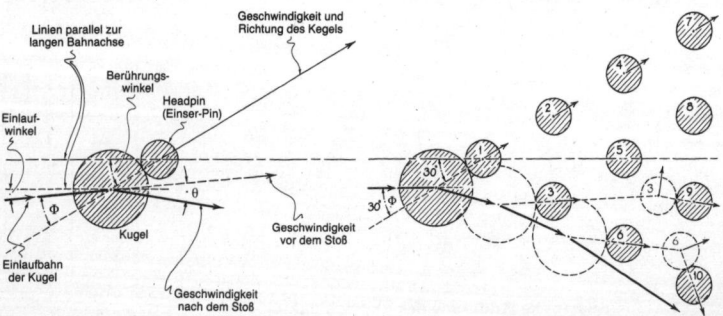

Bild 4: Der Stoß zwischen der Kugel und dem Einser-Pin.

Bild 5: Der Weg der Kugel bei einem Einlaufwinkel von null Grad.

zeichnet sie an der Stoßstelle. Die Bewegungsrichtung des Pins wird, wie gesagt, durch die jeweilige Verbindungslinie zwischen den Mitten von Pin und Kugel festgelegt, die der Kugel durch den Ablenkwinkel Θ.

Der perfekte Strike

Bowling-Bücher beschreiben den perfekten Strike als einen, bei dem die Kugel nur die Pins 1, 3, 5 und 9 trifft. Der Einser-Pin leitet eine Folge von Frontalstößen ein, in der die Pins 2, 4 und 7 fallen, während der Dreier-Pin den Sechser-Pin umlegt, der wiederum Pin 10 abräumt. Von der Kugel getroffen, räumt Pin 5 den Achter-Pin ab. Das Fallen der Pins an der linken Seite der Anordnung legt nahe, daß der Berührungswinkel zwischen 20 und 40 Grad liegen sollte (ideal wären 30 Grad), weil die linke Seitenlinie des Pin-Dreiecks einen Winkel von 30 Grad zur Vorwärtsrichtung bildet. Für einen Berührungswinkel zwischen 20 und 40 Grad berechnete ich, daß der Einser-Pin nach dem Stoß maximal die dreifache Geschwindigkeit der Kugel hat.

Ich beschränkte mich auf Berührungswinkel in diesem Bereich und untersuchte, wie verschiedene Einlaufwinkel das Verhalten der Kugel nach dem Stoß mit dem Einser-Pin beeinflussen. Falls ein von Null verschiedener Einlaufwinkel irgendeinen Vorteil bietet, sollte er sich in einer solchen Untersuchung erweisen. Zeigt sich kein Vorteil, müßte ich daraus entweder schließen, daß Seitwärtsdrall keine

Bild 6: Der Weg der Kugel bei einem Einlaufwinkel von 3 Grad.   **Bild 7: Der Weg für einen Einlaufwinkel von 10 Grad.**

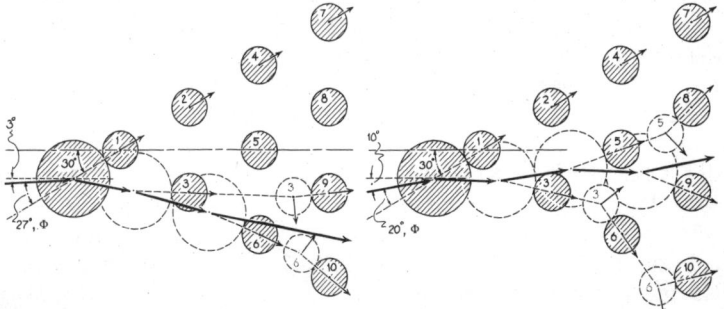

Rolle spielt oder daß – im Gegensatz zu meinen Erfahrungen beim Billard – die geringe Reibung zwischen den Gegenständen bei einem harten Stoß doch irgendeine Rolle spielt.

Ist der Einlaufwinkel null Grad, wird die Kugel in die rechte Seite der Anordnung abgelenkt, wenn der Berührungswinkel 20 bis 25 Grad beträgt (Bild 5). Liegt der Berührungswinkel zwischen 30 und 40 Grad, wird die Ablenkung der Kugel durch die Pins 1 und 3 so stark, daß sie nicht in die Anordnung eindringt. Liegt der Berührungswinkel zwischen 35 und 40 Grad, wird die Kugel sogar jäh abgefälscht – in meinen Berechnungen verläßt sie die Anordnung schon vor Erreichen des Zehner-Pins, der dann stehenbleibt. Bowler beschreiben den Weg der Kugel als seltsames Abprallen von der Anordnung nach rechts, so als wäre die Anordnung eine Wand. Die starke Ablenkung der Kugel ist sehr ungünstig; ein Strike ist wahrscheinlicher, wenn sich die Kugel ihren Weg mitten durch die Anordnung der Pins pflügt.

Bei einem Einlaufwinkel von 3 Grad und Berührungswinkeln zwischen 20 und 40 Grad dringt die Kugel stets in die rechte Seite der Anordnung ein (Bild 6). Obwohl der Einlaufwinkel nur wenig von dem des vorigen Beispiels abweicht, können die Ergebnisse völlig verschieden sein. Der Vorteil des Seitwärtsdralls, der schräges Einlaufen bewirkt, liegt im sicheren Eindringen der Kugel in die Kegelanordnung für alle Berührungswinkel, unter denen die linke Seite der Anordnung lehrbuchgemäß abgeräumt wird.

Bei größeren Einlaufwinkeln ist der Einbruch sogar noch deutlicher. Beträgt der Winkel 10 Grad, entspricht der Strike genau dem Beispiel aus dem Lehrbuch (Bild 7). Um einen solchen Strike zu erzielen, sollte die Kugel mit mäßiger Vorwärtsgeschwindigkeit und starkem Seitwärtsdrall gespielt werden; die Würfe werden so lange auf die Bahnbedingungen abgestimmt, bis die Kugel den Einser-Pin mehrmals unter einem Winkel von etwa 30 Grad berührt. Selbst bei kleineren Fehlern ergibt sich aus dem starken Einbruch der Kugel in die Anordnung und den komplizierten Pinbewegungen (die ich vernachlässigt habe) mit großer Wahrscheinlichkeit ein Strike.

Beim Verfolgen der Kugelbahn auf dem Papier zeigt sich ein weiterer Grund dafür, daß die Kugel nicht einfach gerade gespielt werden sollte. Trifft die Kugel den Einser-Pin unter einem Berührungswinkel von null Grad, bleiben Pin 7 und 10 wahrscheinlich stehen, während sich die Kugel durch die Mitte der Anordnung pflügt. Es ist nahezu unmöglich, diesen sogenannten 7-10-Split (»Spaltung«) mit einem zweiten Wurf abzuräumen.

Einige andere schwierige Spares sind zumindest mit Glück zu bewältigen. Beim Spare mit den Pins 6, 7 und 10 beispielsweise empfehlen Bowling-Bücher, daß die Kugel die rechte Seite des Sechser-Pins treffen sollte, der dadurch auf Pin 7 gestoßen wird; die Kugel nimmt auf ihrem weiteren Weg den Zehner-Pin mit. In der Tat fand ich heraus, daß bei einem Berührungswinkel von etwa 70 Grad mit Pin 6 der Siebener-Pin sauber abgeräumt wird. Der Stoß mit Pin 6 muß übrigens nicht allzu genau sein, wenn dieser fällt und bei seiner Bewegung über die Bahn einen breiten Weg überstreicht.

Eine Fülle von Material verbleibt für eine Untersuchung des Bowling mit der Papier-und-Bleistift-Methode. Man könnte den sogenannten Backup-Wurf (mit umgekehrtem Seitwärtsdrall) untersuchen, bei dem die Kugel hoch in den Einser-Pin einläuft, dann aber zurück in die linke Tasche zwischen Pin 1 und 2 einbiegt. Außerdem kann man Hunderte von Spares berücksichtigen.

Einzelheiten der Kugelbewegung werfen ebenfalls verwirrende Fragen auf. Die Kugel muß nach dem Stoß mit Pin 1 zunächst ein Stück gleiten, bevor sie wieder zu rollen beginnt. Wie verändert die Reibung zwischen Kugel und Bahn während des Gleitens die Laufrichtung der Kugel? (Ich vermute, daß die Reibung den Ablenkwinkel verkleinert.) Beeinflußt die ungleichförmige Massenverteilung in der Kugel deren Bewegung auf der Bahn? Verhält sich die Kugel durch ihre große Masse wie ein Kreisel, der sich Richtungsänderungen widersetzt?

Zugegeben, die theoretische Behandlung des Bowling ist wegen der vielen in einem wirklichen Spiel auftretenden Veränderliche nur begrenzt möglich. Die Untersuchung ist dennoch lohnend, wenn sie hilft, auch nur annähernd das Verhalten von Kugel und Pins zu verstehen.

Achterbahnen und Kirmeskarussells:
Wilde Rundfahrten, Nervenkitzel und die Fliehkraft

Karussellfahrten auf dem Rummelplatz sind ein Vergnügen, das –
auf recht drastische Weise – physikalische Grundlagen vermittelt:
von den Fliehkräften bei der Drehbewegung bis zur Erhaltung der
Energie. Ich habe mich im Vergnügungspark Geauga Lake bei Cleveland (US-Bundesstaat Ohio) umgesehen und festgestellt, daß in fast
jeder Fahrt eine einprägsame Physik-Lektion steckt.

Der Energiesatz: Berg- und Talbahnen

Am schlimmsten fühlte ich mich in den diversen Schienenbahnen des
Parks. Der »Big Dipper« beispielsweise erinnert an jene klassischen
Berg- und Talbahnen der letzten 50 Jahre, in denen mittlerweile
schon Generationen von Fahrgästen ihren Nervenkitzel erlebt haben.

Dort werden mehrere aneinandergekoppelte Wagen zunächst mit
einer Kette auf den höchsten Punkt des Gleiskörpers geschleppt und
ausgeklinkt, sobald die vorderen Wagen den abschüssigen Strecken-
abschnitt erreichen. Nach dem Ausklinken sind Geschwindigkeit
und Beschleunigung des antriebslosen Zugs noch sehr gering
(Bild 1); aber da immer mehr Wagen auf die abschüssige Strecke rollen, beschleunigt sich die Fahrt. Die Beschleunigung erreicht

Bild 1: Geschwindigkeit und Beschleunigung in einer Berg- und Talbahn.

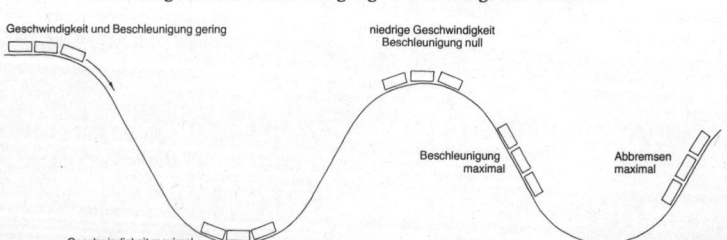

schließlich einen Höchstwert, wenn alle Wagen talwärts sausen. Dieser Wert entspricht dem Produkt aus Fallbeschleunigung und dem Sinus des Bahn-Neigungswinkels. Nur mit steileren Abfahrten läßt sich die Beschleunigung erhöhen – eine Ladung besonders schwergewichtiger Fahrgäste macht die Wagenkette dagegen nicht schneller.

Am Ende der Abfahrt sind die Wagen vor dem nächsten Anstieg für einen Augenblick symmetrisch über die Talsohle verteilt – die Beschleunigung sinkt auf Null. Sobald dann weitere Wagen bergauf rollen, verlangsamt sich die Fahrt, bis die Geschwindigkeit auf der nächsten Bergkuppe bei symmetrischer Wagenverteilung ihr Minimum erreicht.

So eine Berg- und Talbahn beruht auf dem Prinzip der Energieumwandlung. Beim Hochziehen der Wagen und Fahrgäste vor Beginn der Fahrt wird Hubarbeit geleistet, die dann als potentielle Energie zur Verfügung steht – wie bei jedem Körper im Schwerefeld der Erde, der sich in einer bestimmten Höhe über der Erdoberfläche oder einem anderen Bezugsniveau befindet. Während die Wagen zu Tal stürzen, wird ein großer Teil der »gespeicherten« potentiellen Energie in Bewegungsenergie – meist kinetische Energie genannt – verwandelt.

Solange die Energieverluste durch Reibung und Luftwiderstand vernachlässigbar gering sind, bleibt die Summe von potentieller und kinetischer Energie während der Talfahrt konstant; und das gilt auch für die weitere Fahrt. Zunächst gewinnt die Wagenreihe kinetische Energie auf Kosten der potentiellen Energie und wird schneller. Wenn die erste Abfahrt bis zum Erdboden hinabführt, wird die gesamte potentielle Energie umgewandelt, so daß die Gesamtenergie der Wagen an der Talsohle gerade in Form von kinetischer Energie vorliegt.

Gäbe es keine Energieverluste, so könnten die Wagen beliebig viele Berge überrollen, die genauso hoch sein dürften wie der Starthügel – aber nicht höher. Da Reibung und Luftwiderstand den Wagen aber ständig Energie entziehen, schwindet die gesamte verfügbare Energie nach und nach dahin. Hohe Hügel können schließlich nicht mehr überrollt werden, so daß die Berg- und Talfahrt zum Schluß in ein leichtes Auf und Ab übergeht.

Wie lange so eine Fahrt dauert, hängt von der Geschwindigkeit ab. Für eine schnelle Fahrt braucht man eine große Starthöhe, damit die Gesamtenergie zunächst hoch ist. Danach sollten die Schienen möglichst niedrig liegen, damit die Gesamtenergie zum größten Teil kinetisch bleibt.

Der Nervenkitzel bei so einer Fahrt ist von Sitzplatz zu Sitzplatz verschieden. Wer bei der Talfahrt vom Starthügel das gruselige Gefühl genießen will, von einer Klippe abzustürzen, muß sich nach vorn setzen. Weniger Wagemutige bevorzugen die hinteren Plätze, die eher ein Gefühl von Sicherheit vermitteln.

Die Wahl des Sitzplatzes entscheidet auch darüber, welche Kräfte der Fahrgast zu spüren bekommt. Nehmen wir die erste Abfahrt. Der vordere Wagen rollt zunächst langsam an, denn noch ist der kinetische Energieanteil gering. Die Geschwindigkeit der Wagen nimmt dann rapide zu, so daß der letzte Wagen wesentlich schneller zu Tal schießt. Obwohl die Fahrgäste auf den vorderen Plätzen beim Blick in den Abgrund die stärkeren Nerven brauchen, bekommt man hinten weit stärker das Gefühl, über die Kante des Abgrunds hinauszufliegen.

Die Kraft, die dem Fahrgast das Gefühl von plötzlichem Abstürzen vermittelt, entsteht dadurch, daß sich die Impulsrichtung abrupt ändert (Bild 2). Am Start ist der Impuls – das Produkt aus Masse und Geschwindigkeit – horizontal, zeigt dann aber bald in Richtung Talsohle. Diese Richtungsänderung muß der Fahrgast mitmachen, weil er von einem Bügel oder Sicherheitsgurt festgehalten wird. Die richtungsändernde Kraft weist schräg nach unten und hat eine Komponente in Rückwärtsrichtung, die ein Gutteil des Nervenkitzels ausmacht. In den hinteren Wagen fühlt man diese schaurig-schöne Kraft stärker, denn sie wächst proportional mit dem Impuls, und der ist für die hinteren Fahrgäste größer.

Im Tal ist die Sache anders. Wieder muß die Bahn eine Kraft ausüben, um die Impulse der Fahrgäste zu ändern; denn nun sollen die Impulse nicht mehr in Richtung Talsohle weisen, sondern zum nächsten Berg. Der vorderste Fahrgast hat den größten Impuls und spürt folglich auch die größte Kraft. Wenn der letzte Wagen die Talsohle erreicht, ist das Tempo bereits langsamer, denn die vorderen Wagen rollen ja schon wieder bergauf. Der hinterste Passagier hat also in

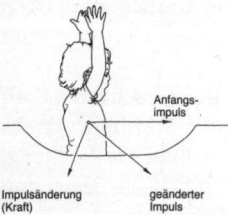

Bild 2: Die Kraft bei Richtungsänderungen.

der Talsohle einen entsprechend kleineren Impuls und ist damit auch einer geringeren Kraft ausgesetzt.

Auf der Bergkuppe dreht sich die Impulsrichtung wieder in die Waagrechte. Das kann in den hinteren Wagen eine beträchtliche Kraft auslösen, wenn die vorderen Wagen schon wieder auf der nächsten Talseite in Schußfahrt kommen. Beim Hinwegrasen über die Kuppe hat man auf den hinteren Plätzen manchmal das Gefühl, kurzzeitig vom Sitz abzuheben, sofern der Sicherheitsbügel nicht zu eng anliegt. Man kommt nämlich mit großem Impuls dort an und fliegt auch dann noch weiter nach oben, wenn der Wagen schon wieder in die Horizontale kippt, bis dieser Höhenflug vom Haltebügel gestoppt wird.

Die ganz Mutigen fahren, ohne sich am Bügel festzuhalten. Ich habe das einmal versucht, als wir gerade mit hoher Geschwindigkeit über einen Berg rollten, und wäre dabei fast aus dem Wagen geschleudert worden; zum Glück konnte ich aber im letzten Moment meine Oberschenkel unter den Haltebügel klemmen. Danach habe ich den Bügel nicht wieder losgelassen.

Zentripetal- und Zentrifugalkraft: Looping-Bahnen

Zu den Achterbahnen, die man schon seit Jahrzehnten auf Rummelplätzen findet, sind inzwischen komplizierte Looping-Bahnen hinzugekommen. Wie sie funktionieren, kann man in Geauga Lake hautnah im »Double Loop« und im »Corkscrew« erleben.

Beim »Double Loop« beginnt die Fahrt wie beim »Big Dipper« damit, daß die Wagen mit einem Ketten-Schleppaufzug zum Start hochgezogen werden. Nach den ersten kleinen Hügelchen (und bevor zuviel Energie durch Reibung und Luftwiderstand verlorengeht) schießt der Wagen durch zwei senkrechte Schleifen. Die Fahrt zerrt herrlich an den Nerven. Wann immer ich es fertigbrachte, die Schleifen-Raserei mit offenen Augen durchzustehen, wurde es ein einziger Taumel: Zuerst stellte sich die Welt auf den Kopf, dann raste der Erdboden auf mich zu, bevor schließlich alles ein zweites Mal kopf stand.

Vor der Fahrt hatte ich mir die Konstruktion – sicherheitshalber – genauer angesehen. Die Wagen des »Double Loop« werden mit einem zweifachen Radsatz in den Gleisen gehalten, von denen einer auf der Oberseite der Schienen läuft, der andere auf der Unterseite. Normalerweise lastet das Gewicht des Wagens auf den oberen Rädern, weil er auf den Schienen rollt. In der Schleife treten die unteren Räder in Aktion: Sie verhindern, daß der Wagen durch den Zug seines Eigengewichts aus den Gleisen springt und aus der Schleife fällt.

Nach der Fahrt zog ich Kräftebilanz (Bild 3). Beim Eintritt in die Schleife spüre ich drei Kräfte: mein Gewicht, abwärts gerichtet; sodann die Kraft, die der Sitz ausübt; und schließlich die Zentrifugalkraft, die mich nach meinem Gefühl zusätzlich zum Gewicht in den Sitz preßt. Im oberen Teil der Schleife wirkt die Zentrifugalkraft scheinbar nach oben – ich fühle mich leicht.

Die Zentrifugalkraft (sprich eine Fliehkraft weg vom Zentrum) ist eine Fiktion, denn in Wirklichkeit gibt es keine nach außen gerichtete Kraft. Als Scheinkraft ist die Zentrifugalkraft aber ein nützliches Hilfsmittel, weil man damit leicht den subjektiven Eindruck des Fahrgastes beschreiben kann. Die physikalisch bessere Perspektive hat freilich der außenstehende Beobachter: Tatsächlich lenken reale Kräfte den Fahrgast von der natürlichen geradlinigen Bewegung ab und zwingen ihn auf eine Kreisbahn.

Eine Kreisbewegung bleibt immer dann erhalten, wenn ständig eine Kraft zum Mittelpunkt der Kreisbahn gerichtet ist – die sogenannte Zentripetalkraft. Am untersten Punkt der Schleife weist der Gewichtsvektor des Fahrgastes aber nach unten, also gerade vom Schleifenmittelpunkt weg. Da die Schienenführung aber eine Kreisbewegung erzwingt, drückt vom Sitz aus eine Kraft nach oben. Da diese Zwangskraft größer ist als das Gewicht, weist die resultierende Kraft tatsächlich zum Schleifenmittelpunkt. Der Fahrgast wird den Druck des Sitzes jedoch meist als Zentrifugalkraft empfinden, die ihn in den Sitz drückt.

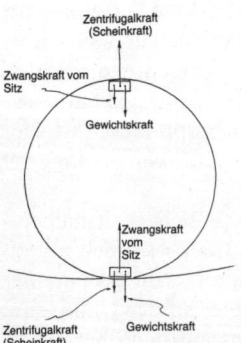

Bild 3: Kräfte in der Looping-Bahn.

Am Scheitelpunkt einer Schleife sieht die Kräftebilanz anders aus: Das Gewicht ist natürlich noch das gleiche und zeigt nach wie vor abwärts – und das ist diesmal die Richtung zum Mittelpunkt der Schleife. Auch der Druck vom Sitz wirkt nun nach unten, so daß aus beiden Kräften eine Zentripetalkraft resultiert, die den Fahrer auf der Kreisbahn hält.

Allerdings übt der Sitz diesmal eine kleinere Kraft aus, weil die kinetische Energie des Wagens am Scheitelpunkt der Schleife geringer und die Bewegung mithin langsamer ist. Da das Gewicht die Kreisbewegung jetzt begünstigt, wird die Kraftkomponente vom Sitz kleiner, und der Fahrgast empfindet den geringeren Druck des Sitzes als Abnahme der Zentrifugalkraft.

Wie hoch muß der Start bei einer einfachen Looping-Bahn liegen, damit der Wagen am Scheitelpunkt der Schleife noch genügend Geschwindigkeit hat und richtig im Gleis gehalten wird? Ich möchte zunächst einmal annehmen, daß die Wagen einzeln starten und aus dem Stand (also mit Anfangsgeschwindigkeit Null) anrollen. Außerdem sollen Energieverluste durch Reibung und Luftwiderstand vernachlässigbar gering sein. Unter diesen – unrealistischen – Bedingungen muß der Starthügel mindestens einen halben Schleifenradius über dem Scheitelpunkt der Schleife liegen.

Bei einer Wagenkette ist die Bewegung des gemeinsamen Schwerpunktes aller Wagen entscheidend. Nun wird dieser Schwerpunkt jedoch nie die volle Höhe der Schleife erreichen, weil immer nur ein Teil des Zuges am höchsten Punkt der Schleife sein kann. Aus diesem Grunde kommt man bei einem Zug mit einer geringeren Starthöhe aus als bei einem einzelnen Wagen.

Wenn keine Reibungsverluste im Spiel wären, kämen die Wagen in der Schleife gerade mit der gesamten Energie an, die sie beim Hochschleppen gewonnen haben – die Berge und Täler vor der Schleife würden daran nichts ändern. Tatsächlich kostet die Anfangsstrecke wegen der Reibung sehr wohl verfügbare Energie, und diese Verluste müssen durch eine höhere Startposition ausgeglichen werden. Der »Double Loop« in Geauga Lake hat einen beträchtlich höheren Starthügel als theoretisch nötig, so daß die Wagen mit genügend Energiereserven durch die Schleifen sausen.

Beim »Corkscrew« handelt es sich ebenfalls um eine Looping-Bahn mit zwei Schleifen, die aber jetzt schraubenförmig verdreht sind. In den Schleifen bewegen sich die Wagen wie auf einem Korkenzieher, bevor sie nach zweifachem Überschlag aus diesem verdrehten Bahnabschnitt hinausschießen.

Hinter dieser Fahrt steckt eine ähnliche Physik wie beim »Double Loop«, mit einem wichtigen Unterschied bei der Zentrifugal-, Verzeihung: Zentripetalkraft. Beim »Double Loop« ist das Bewegungszentrum in der Schleife ein fester Punkt, von dem die Zentrifugalkraft radial nach außen weist. Während der Wagen durch die Schleife rollt, dreht sich die Richtung dieses Kraftvektors in einer senkrechten Ebene um den Mittelpunkt der Schleife (oder doch nahezu, denn auch hier fährt man auf Schleifen, nicht in einem geschlossenen Kreis). Beim »Corkscrew« verschiebt sich das Bewegungszentrum während der Fahrt merklich, und zwar in der Vertikalen und der Horizontalen. Damit bleibt die Zentrifugalkraft nicht mehr auf eine Ebene beschränkt, sondern dreht sich in bezug auf zwei Ebenen. Diese doppelte Drehung ist es, die Achterbahn-Süchtigen das richtige Hochgefühl vermittelt.

In Geauga Lake gibt es nicht nur Schienenbahnen, die nach dem Prinzip der Energieumwandlung arbeiten, sondern auch eine Wasserrutschbahn, in der man auf einer »Schmierschicht« aus herabfließendem Wasser zu Tal gleitet. Da die potentielle Energie, die man am Start hat, stetig in kinetische Energie umgewandelt wird, nimmt die Geschwindigkeit bei der Rutschpartie ständig zu, wobei das Wasser die Reibungsverluste in Grenzen hält.

Wasser spielt auch bei einer Bahn des Vergnügungsparks eine Rolle, die »Gold Rush Log Flumes« heißt und dem Fahrgast die Illusion einer Wildwasserfahrt bei der Goldsuche vermittelt. Man steigt in ein kleines Boot, das aussieht wie ein Kanu aus einem hohlen Baumstamm, in dem sich in Wirklichkeit aber ein kleiner Schienenwagen verbirgt. Angetrieben wird das »Boot« durch die Strömung des Wassers im künstlichen Kanal, bis es in eine Kette einhakt und eine Anhöhe hinaufgezogen wird. Schließlich schießt es über ein steiles Gefälle (mit 45 Grad Neigung) hinab in ein Wasserbecken, in dem die Fahrt recht abrupt abgebremst wird und die kreischenden Passagiere ihre kalte Dusche kriegen. Man fühlt sich dabei in das aufspritzende Wasser nach vorne geschleudert, aber dieser Eindruck täuscht: In Wirklichkeit bewegt man sich – der Massenträgheit folgend – noch für einen Augenblick lang mit der Ankunftsgeschwindigkeit weiter.

Fliehkräfte und Reibung: Die Karussells

Was wäre ein Rummelplatz ohne die vielen Karussells, die allesamt die Physik der Drehbewegungen zum Vergnügen machen. Am harmlosesten geht es im traditionellen Karussell zu, mit Holzpferden und Kutschen, deren Drehgeschwindigkeit gerade so groß ist, daß sie ein leichtes Gefühl von Zentrifugalkraft erzeugen. Man fühlt sich nach außen gedrückt; aber in Wirklichkeit strebt man der Massenträgheit wegen geradeaus, während das störrische Holzpferd unbedingt im Kreis laufen will, aus der geradlinigen Bewegung ausbricht und den Fahrgast dabei mitzerrt.

Das Riesenrad treibt ein ähnliches Verwirrspiel – freilich diesmal in einer senkrechten Drehebene. Durch die Zentrifugalkraft scheint man periodisch an Gewicht zu- und wieder abzunehmen. Am Tiefpunkt der Kreisbahn drückt die Zentrifugalkraft den Fahrgast scheinbar nach unten in den Sitz, als würde er plötzlich mehr wiegen. Natürlich ist es auch hier der Sitz, der nach oben drückt, um den Fahrgast auf der Kreisbahn zu halten. Dieser Druck muß groß sein, denn nur so ist das in die falsche Richtung wirkende Körpergewicht zu kompensieren (Bild 4). Am höchsten Punkt angekommen, fühlt man sich dagegen leichter, weil die Zentrifugalkraft jetzt nach oben gerichtet ist – oder präziser: weil die Zwangskraft des Sitzes jetzt geringer ist.

Auf halbem Wege nach unten wird mir besonders eigenartig zumute: Der Druck vom Sitz hebt gerade das eigene Körpergewicht auf, aber die Zentrifugalkraft zieht scheinbar nach außen, so daß man fürchtet, aus der Gondel geworfen zu werden.

Bild 4: Kräfte im Riesenrad.

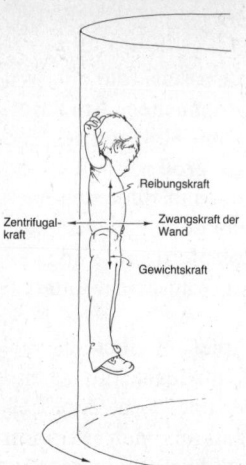

Reibungskraft

Zentrifugal-
kraft

Zwangskraft der
Wand

Gewichtskraft

Bild 5: Reibung im »Rotor«.

Am liebsten fahre ich im »Rotor« des Vergnügungsparks Karussell. Das ist ein senkrechter Zylinder von etwa 4 Metern Durchmesser, in dem man mit dem Rücken zur Zylinderwand rotiert (Bild 5). Wenn eine bestimmte Drehzahl erreicht ist, wird der Boden weggeklappt, aber man bleibt wie angeklebt an der Wand hängen. Wer sehr zappelig ist, schafft es allenfalls, sich in eine andere Lage zu manövrieren und schließlich schief oder gar kopfüber in der Trommel zu hängen.

Warum bleiben die Fahrgäste wie festgeklebt an der Wand? Ich hatte bei der Fahrt im »Rotor« das erdrückende Gefühl, von der Zentrifugalkraft an die Wand gepreßt zu werden, wobei nur die Reibung den Sturz ins Bodenlose verhinderte. Natürlich war es auch hier die Wand, die gegen mich drückte und bei der hohen Drehzahl genügend Reibung erzeugte, um mich an der Wand festzunageln.

Wie hoch muß die Drehzahl sein, damit man tatsächlich an Ort und Stelle haftenbleibt? Natürlich darf das Körpergewicht, das nach unten zieht, nicht größer sein als die in diesem Fall nach oben gerichtete Reibungskraft. Die größtmögliche Reibung entspricht dabei dem Produkt aus Zentripetalkraft und Reibungskoeffizient (der von den Rauhigkeiten der sich berührenden Oberflächen abhängt). Ich schätzte die Drehzahl, bei der mich der »Rotor« fest an die Wand drückte, auf etwa 30 Umdrehungen pro Minute, und das erwies sich auch als annähernd richtig.

Den Druck scheinbarer Fliehkräfte bekommt man in Geauga Lake besonders eindrucksvoll im »Muzek Express« zu spüren, eine Art Raupe, bei der eine Wagenkette im Kreis über einige leichte Hügel fährt. Der Durchmesser des Gleisrings beträgt etwa 10 Meter, und die Jagd über die Hügel ist so schnell, daß die Fahrgäste starke Zentrifugalkräfte zu spüren bekommen. Gewöhnlich sitzt man zu zweit nebeneinander im Wagen, und wer außen sitzt, wird durch seinen Nebenmann an die Wand gedrückt. Die Kräfte sind erstaunlich; so konnte ich gegen den Druck meiner kleinen Tochter nichts ausrichten, obwohl sie nur halb soviel wiegt wie ich.

Ein abenteuerliches Karussell ist die »Enterprise«. Von der Drehachse gehen Haltearme aus, an denen die Fahrgastkabinen drehbar aufgehängt sind. Während der Fahrt kreisen die Kabinen ähnlich wie die Sitze eines Kettenkarussells, werden aber mit steigender Rotationsgeschwindigkeit mehr und mehr nach außen gedrückt und schließlich in die Waagerechte gedreht, so daß man durch das innere Seitenfenster schließlich unmittelbar zu Boden und durch das äußere in den Himmel blickt.

Diese Drehung der Kabine läßt sich wieder mit der Zentrifugalkraft plausibel machen, die zusammen mit der Schwerkraft am gemeinsamen Schwerpunkt von Kabine und Fahrgast angreift. Die Orientierung der Kabine ergibt sich dann aus der Resultierenden der beiden Kräfte (Bild 6). Zu Beginn der Fahrt liegt der Schwerpunkt unterhalb der Aufhängung; die Schwerkraft zieht die Kabine in ihre normale Ausgangslage. Mit zunehmender Drehgeschwindigkeit wird aber die Zentrifugalkraft groß genug, um den Schwerpunkt nach außen zu ziehen. Dadurch wird die Kabine um ihre Aufhängung zunehmend in die Waagerechte gedreht.

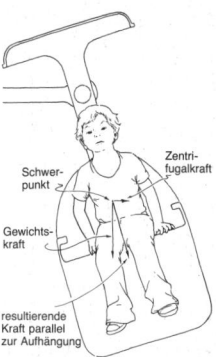

Bild 6: Aufwärtstrend in der »Enterprise«.

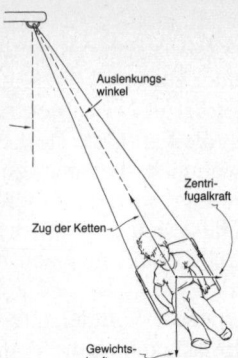

Bild 7: Aufwärtstrend im Kettenkarussell.

Dieser Teil der Fahrt ist aber noch gar nichts gegen das, was dann kommt. Sobald die »Enterprise« ihre volle Drehzahl erreicht, wird die zentrale Drehachse über einen mächtigen Hebel seitlich gekippt, bis die Kabinen schließlich einen senkrechten Kreis beschreiben. Ich fand mich am obersten Punkt der Fahrt kopfüber in meinem Sitz wieder und wurde am untersten Punkt durch die Fliehkraft arg zusammengestaucht. Mir half nur noch eins: Augen zu und zählen – und meine weiteren Untersuchungen im Kettenkarussell fortsetzen.

Wenn ich mit meinem Sitz bei der Karussellfahrt nach außen getragen wurde, spürte ich drei Kräfte (Bild 7): Zunächst einmal hatte ich immer noch mein Körpergewicht, das mich nach unten zog; gehalten wurde ich von einer Kraft, die den Sessel zur Kettenverankerung über mir hinzog. Und schließlich fühlte ich mich von der Fliehkraft nach außen geworfen. Die Balance zwischen diesen drei Kräften entscheidet, um welchen Winkel die Ketten aus der Senkrechten streben; mit wachsender Drehgeschwindigkeit nimmt auch der Winkel zu.

Überraschender Höhepunkt kurz nach Fahrtbeginn war wieder das Kippen der Drehachse, allerdings diesmal nur um etwa 10 Grad. Dadurch ging die Reise auf einer Seite des Karussells bergab, so daß die Geschwindigkeit dort zunahm, weil potentielle Energie in kinetische umgewandelt wurde. Auf dieser Seite vergrößerte sich folglich der Radius der Drehbewegung. Umgekehrt wurde ich auf dem Weg nach oben langsamer, weil ich hochgehievt werden mußte; dadurch verringerte sich der Radius.

Den Abschluß meiner physikalischen Vergnügungen in Geauga

Lake bildeten drei Fahrten mit Karussells, bei denen zwei Drehbewegungen im Spiel sind. Zuerst probierte ich den »Scrambler« aus, der auf Rummelplätzen schon lange dazugehört. Von der zentralen Drehachse des »Scrambler« gehen mehrere Arme aus, an denen jeweils ein kleines Karussell aus vier rotierenden Nebenarmen befestigt ist; jeder Nebenarm trägt eine Gondel mit zwei oder drei Sitzplätzen.

Bei der Fahrt überlagern sich die Drehbewegungen der Hauptarme (die um die zentrale Achse laufen) und der Nebenarme (die jeweils um die Lager am Ende ihres Hauptarmes quirlen). Blickt man aus der Vogelperspektive auf den »Scrambler«, so drehen sich die Hauptarme im Uhrzeigersinn, die Nebenarme gerade entgegengesetzt. Es gibt ähnliche Karussells, bei denen beide Drehungen im Uhrzeigersinn laufen – dazu gehört beispielsweise die »Calypso« des Vergnügungsparks.

Zu Hause machte ich mich dann daran, die Bewegungsabläufe im »Scrambler« und in der »Calypso« zu rekonstruieren. Um die Fahrt eines einzelnen Fahrgastes nachzeichnen zu können, konzentrierte ich mich auf einen einzelnen Hauptarm (der sich im Uhrzeigersinn dreht) und einen Nebenarm (der sich links- beziehungsweise rechtsherum dreht). Wird der Fahrgast mit seiner Gondel bei einer vollen Umdrehung des Hauptarms über eine geschlossene Schleife oder über eine Spirale geführt? Und an welchem Punkt der Bahn sind Geschwindigkeit und Beschleunigung am größten? Wie müssen sich die Arme drehen, damit der Nervenkitzel unvergeßlich bleibt? Wird man tatsächlich am stärksten in »Scrambler« und »Calypso« durchgerührt, bei denen Haupt- und Nebenarme ungefähr gleich sind?

Eine ziemlich langweilige Fahrt wird bei einem Karussell herauskommen, dessen Arme alle gleich lang sind und sich synchron drehen, so daß der Nebenarm nur als verlängerter Hauptarm eine große Kreisbahn beschreibt. Die Fahrt wird auch nicht viel interessanter, wenn sich beide Arme mit gleicher Geschwindigkeit entgegengesetzt drehen. Jetzt müßte sich der Fahrgast damit zufriedengeben, über den Karusselldurchmesser von einem Rand zum anderen hin- und herzufahren.

Spannender wird es erst, wenn Haupt- und Nebenarme mit unterschiedlicher Geschwindigkeit rotieren. Angenommen, die Nebenarme drehten sich doppelt so schnell, aber im gleichen Drehsinn wie die Hauptarme – ähnlich wie in der »Calypso«. Dann saust man erst in einer Spirale auf die Mitte zu, um anschließend dem Spiegelbild dieser Spirale folgend wieder nach außen zu wirbeln (Bild 8). Insge-

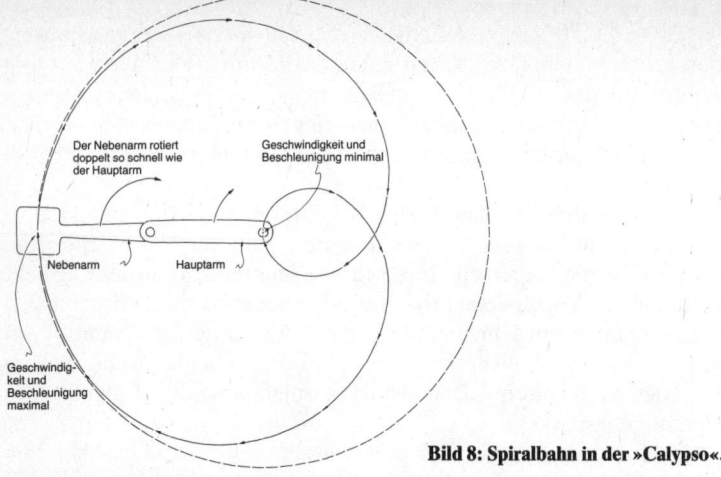

Bild 8: Spiralbahn in der »Calypso«.

samt wird man dann auf einer Schleife über das Karussell geführt, bevor man wieder zum Ausgangspunkt zurückkehrt.

An diesem Punkt sind Geschwindigkeit und Beschleunigung am größten, weil man am weitesten vom Mittelpunkt entfernt ist; umgekehrt werden beide am Mittelpunkt minimal. Meine Rechnungen bechreiben annähernd, aber nicht exakt die Bedingungen in der »Calypso«, denn die Nebenarme sind in Wirklichkeit etwas kürzer als die Hauptarme – sonst käme es im Zentrum des Karussells während der Fahrt unweigerlich zu Kollisionen.

Im »Scrambler«, wo sich die Haupt- und Nebenarme in entgegengesetzter Richtung drehen, kommt eine noch interessantere Bewegung zustande (Bild 9). Vom Startpunkt am Rand geht es in schnellem Tempo links herum zur Mitte und wieder nach außen. Nach kurzer Verzögerung bei voller Streckung der Arme wird man dann wieder rasch nach innen gezogen, bis man nach einer vollen Umdrehung des Hauptarmes drei schmale blattähnliche Schleifen durchlaufen hat. Die höchste Geschwindigkeit wird dabei am Mittelpunkt erreicht – während die Beschleunigung dort am niedrigsten ist. Am äußersten Rand des Karussells ist es genau umgekehrt: Jetzt wird die Geschwindigkeit minimal, während die Beschleunigung ihren größten Wert erreicht.

Das liegt daran, daß die Linksdrehung des Nebenarms und die Rechtsdrehung des Hauptarms am äußeren Rand einander entge-

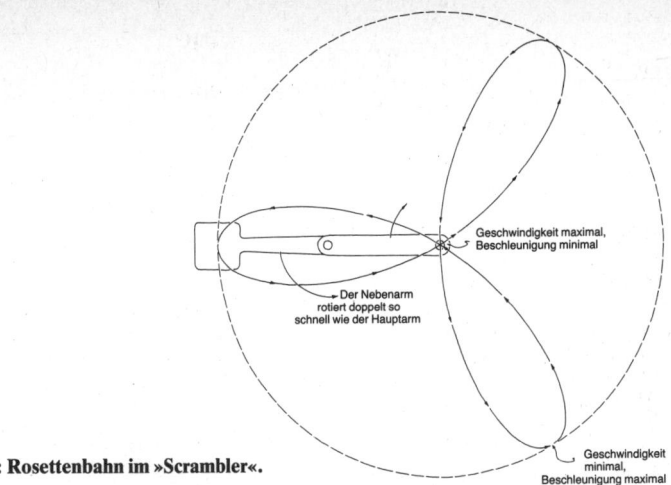

Geschwindigkeit maximal, Beschleunigung minimal

Der Nebenarm rotiert doppelt so schnell wie der Hauptarm

Geschwindigkeit minimal, Beschleunigung maximal

Bild 9: Rosettenbahn im »Scrambler«.

genwirken und sich zu einer geringen Gesamtgeschwindigkeit überlagern. Am Mittelpunkt haben beide Geschwindigkeiten die gleiche Richtung und können sich daher addieren. Die große Beschleunigung am Außenrand entsteht dadurch, daß sich die Richtung der Geschwindigkeit dort sehr schnell umkehrt.

Mit meinem Heimcomputer habe ich die Gondelbewegungen für andere Bedingungen durchgespielt. Wenn der Hauptarm wesentlich länger ist als der Nebenarm, könnte man auf Spiralen zur Mitte und wieder nach außen wirbeln; bei bestimmten Geschwindigkeitsverhältnissen würde die Gondel auch eine Reihe von Spitzen oder Schleifen durchlaufen, die wie Rosetten in einem großen Kreis liegen.

Eine andere interessante Variante wäre ein Karussell mit Nebenarmen, die länger sind als der Hauptarm (Bild 10). Wenn sich die langen Nebenarme langsamer drehen als der kürzere Hauptarm, die Drehrichtung jedoch gleich ist, bewegt man sich auf einer Spirale gemächlich zur Mitte und wieder nach außen. Bei entgegengesetztem Sinn der Arme wird sich die Richtung während der Fahrt an einigen Stellen abrupt ändern.

Meine letzte Fahrt an diesem Tag machte ich in einer Art Berg-und-Tal-Karussell mit Namen »Tilt-A-Whirl«. Ich saß in einer rollenden Kabine, die mit fünf weiteren Kabinen auf einer hügeligen Strecke um die Achse des Karussells läuft. Alle Kabinen sind dreh-

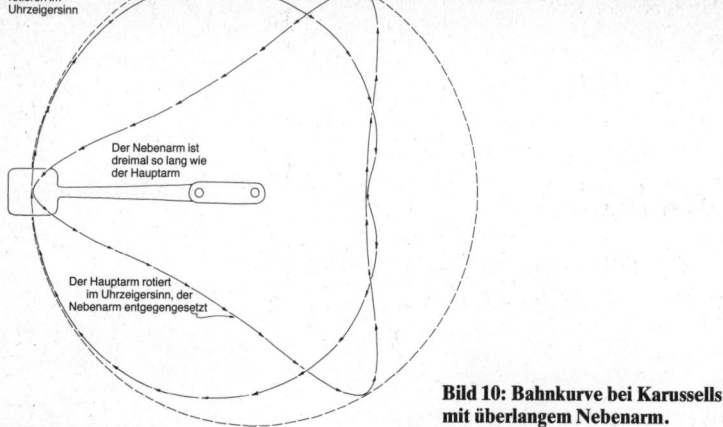

Haupt-
und Nebenarm
rotieren im
Uhrzeigersinn

Der Nebenarm ist
dreimal so lang wie
der Hauptarm

Der Hauptarm rotiert
im Uhrzeigersinn, der
Nebenarm entgegengesetzt

**Bild 10: Bahnkurve bei Karussells
mit überlangem Nebenarm.**

bar gelagert, so daß sie zusätzlich rotieren können. Es gibt also drei
Bewegungskomponenten: die Linksdrehung des gesamten Karussells, die Eigenrotation der drehbaren Kabinen (rechts- oder linksherum) und schließlich das Auf und Ab über die Hügel.

Das Interessante an diesem Karussell war, daß ich die Rotation
meiner Kabine oft dadurch beeinflussen konnte, daß ich mein Gewicht verlagerte. Wenn die rotierende Kabine eine abschüssige
Strecke erreichte, warf ich mich mit aller Kraft nach vorn, und zwar
auf der Seite, wo sich die Kabine talwärts drehte. So konnte ich
einen Teil meiner eigenen potentiellen Energie (die ich oben auf
dem Hügel gewonnen hatte) in kinetische Energie für die Kabinen-
drehung umwandeln.

Mit etwas Glück schaffte ich es, den richtigen Augenblick abzu-
passen und die Kabine in eine schnelle Rotation zu versetzen. Ich
hatte dann ein ähnliches Fahrgefühl wie in »Scrambler« und »Calypso«. Drehte sich meine Kabine im gleichen Drehsinn wie das gesamte Karussell, so erreichte die Geschwindigkeit im äußersten
Bahnpunkt ihren Höchstwert – und die Beschleunigung ein Minimum. Sobald Kabine und Karussell gegenseitig rotierten, war die
Geschwindigkeit umgekehrt in der Nähe des Zentrums am größten.

Besuchen Sie doch einmal einen Rummelplatz und schauen sich
nach anderen Arten von Karussells oder Bahnen um. Vielleicht finden Sie dort den berüchtigten »Demon Drop«, ein sogenanntes

Hochgeschäft, das ich nur vom Hörensagen kenne. Ich glaube, mir würde schon beim Zuschauen schwindelig, denn das Opfer – Verzeihung: der Fahrgast – stürzt, festgeschnallt auf einen Schlitten, aus 40 Metern Höhe praktisch im freien Fall in die Tiefe. Die hohe kinetische Energie, die er am Ende dieses Dämonensturzes hat, wird offenbar erst verbraucht, wenn der Schlitten in den horizontalen Bahnabschnitt einfährt. Allerdings habe ich nicht die geringste Absicht, mich die 40 Meter zum Start hochziehen zu lassen, um das alles im Sturzflug nachzuprüfen.

Die seltsamen Flugfrüchte des Ahorn:
Aerodynamik und Drehbewegung

Damit sich die Samen der Pflanzen möglichst weit ausbreiten, hat die Natur manche mit raffinierten Flugeinrichtungen ausgerüstet und dabei viele Erfindungen des Menschen vorweggenommen. So schwebt der Same des Löwenzahn an seinem »Fallschirm« oft viele Kilometer weit, und die geflügelten Früchte vieler Bäume (beispielsweise von Ahorn, Eschen, Ulmen und Kiefern) gleiten entweder auf »Tragflächen« wie Segelflugzeuge oder mit Hilfe von »Drehflügeln« wie Hubschrauber so langsam zu Boden, daß sie der Wind weit wegtragen kann. Sicher haben auch Sie schon mit Vergnügen ihren anmutigen Gleitflug beobachtet (Bild 1). Vielleicht haben Sie sich dabei gefragt, welche Prinzipien der Aerodynamik ihr Flugverhalten bestimmen. Die Antwort ist allerdings nicht so einfach, wie man zunächst meinen könnte. Ich werde mich deshalb auch darauf beschränken, die mit nur einem Flügel ausgerüsteten »Schraubenflieger« zu behandeln und auf die zweiflügeligen »Segelflieger« nicht weiter eingehen.

Flugfrüchte mit Propellerantrieb

Als erster hat zu Beginn der siebziger Jahre R. Åke Norberg von der Universität Göteborg die Aerodynamik der Schraubenflieger-Früchte und -Samen untersucht. Er versuchte vor allem das Flugverhalten der Früchte des Ahornbaumes zu verstehen, indem er die Aerodynamik des Hubschraubers auf sie anwandte. Carles W. McCutchen vom Nationalen Institut für Arthritis, Stoffwechsel- und Verdauungskrankheiten und F. M. Burrows von der Universität von Nordwales lieferten weitere Beiträge. Ich werde mich hier vor allem auf die Arbeiten Norbergs stützen.

Wenn eine Kirsche vom Baum fällt, wird sie von der Schwerkraft beschleunigt und bewegt sich mit zunehmender Geschwindigkeit auf den Erdboden zu. Ganz anders die Ahornfrucht: Sie sinkt nach einer kurzen Anfangsphase unbeschleunigt, mit konstanter Geschwindigkeit zu Boden. Woher kommt das? In einem Satz läßt es sich ganz

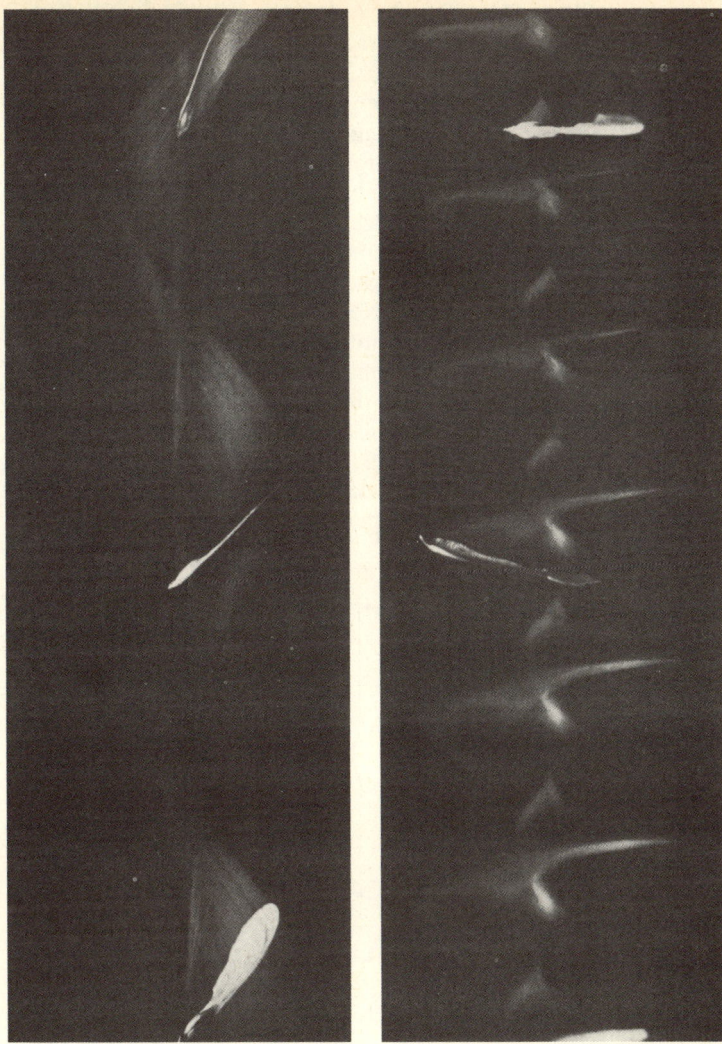

Bild 1: Photographien fallender Ahornfrüchte, die bei offener Blende mit einem Blitzlichtstroboskop angeleuchtet wurden.

grob so erklären: Der Flügel am Ahornsamen rotiert beim Sinken und erzeugt dadurch eine Luftkraft, die der Schwerkraft entgegenwirkt.

Um Herkunft und Größe dieser Kraft möglichst unkompliziert zu erklären, geht Norberg von einigen vereinfachenden Annahmen aus, die in guter Näherung zutreffen: Zunächst betrachtet er die Flugfrucht als dünnen, ebenen Flügel, dessen Masse entlang einer Linie vom Samen zur Flügelspitze konzentriert ist. Außerdem soll die Frucht beim Sinken um eine senkrechte Achse durch den Schwerpunkt rotieren. (In Wirklichkeit fallen Dreh- und Schwerpunkt nicht exakt zusammen.) Norberg nimmt zudem an, daß der Flügel bei der Drehung nahezu horizontal liegt und eine Kreisfläche überstreicht, durch die ein gleichmäßiger Luftstrom tritt.

Man kann den Gleitflug einer Ahornfrucht von zwei verschiedenen Standpunkten aus verfolgen: dem des normalen, abseitsstehenden, »ruhenden« Beobachters oder dem eines Barons von Münchhausen, der als »bewegter« Beobachter mitfliegt. Der ruhende Beobachter sieht die Flügelfrucht in einer ebenfalls ruhenden Luftsäule zu Bo-

Bild 2: Die beiden möglichen Flugbahnen von Ahornfrüchten.

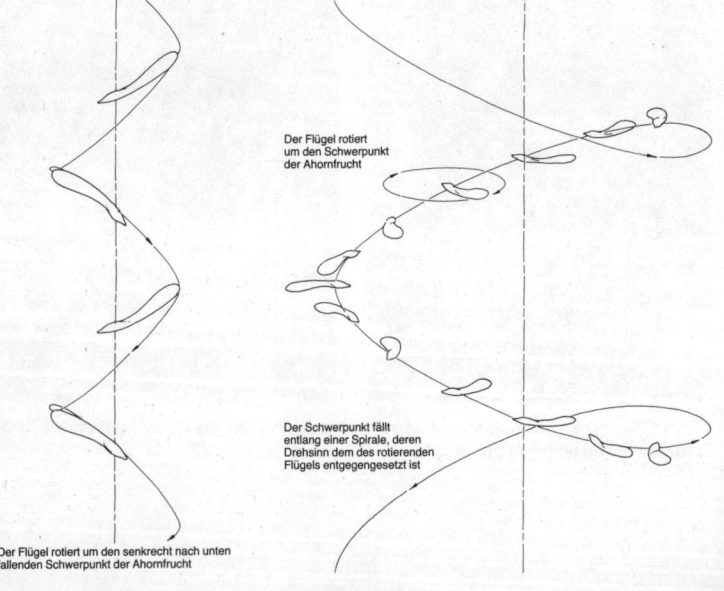

Der Flügel rotiert um den Schwerpunkt der Ahornfrucht

Der Schwerpunkt fällt entlang einer Spirale, deren Drehsinn dem des rotierenden Flügels entgegengesetzt ist

Der Flügel rotiert um den senkrecht nach unten fallenden Schwerpunkt der Ahornfrucht

den sinken. Er stellt fest, daß der rotierende Drehflügel die Luft wie ein Propeller nach unten drückt und so in der Umgebung des Flügels einen senkrecht nach unten gerichteten Luftstrom erzeugt. An der Flügeloberfläche ist die Strömungsgeschwindigkeit dabei kleiner als die Sinkgeschwindigkeit der Flügelfrucht. Damit die vorher ruhende Luft nach unten strömt, muß sie beschleunigt werden. Seit Newton wissen wir, daß dafür eine Kraft nötig ist. Da Kräfte aber immer nur paarweise auftreten, übt die auf die Luft wirkende Kraft (»actio«) auf den Flügel eine nach oben gerichtete Gegenkraft (»reactio«) aus, den Auftrieb.

Der mitfliegende Beobachter dagegen hat den Eindruck, daß von unten Luft auf ihn zuströmt. Ihre Geschwindigkeit ist genauso groß, wie die vom ruhenden Beobachter gemessene Sinkgeschwindigkeit. Oberhalb des rotierenden Flügels strömt die Luft langsamer weiter. Für den bewegten Beobachter wird die nach oben strömende Luft also gebremst oder, was das gleiche ist, negativ beschleunigt. Wieder ist dafür eine Kraft notwendig, deren zugehörige Gegenkraft senkrecht nach oben zeigt. Beide Beobachter registrieren also übereinstimmend eine auf den Flügel einwirkende, nach oben gerichtete Kraft. Da diese Auftriebskraft das Gewicht der Flügelfrucht gerade kompensiert, fällt die Flügelfrucht nicht beschleunigt wie unsere Kirsche, sondern sinkt mit gleichförmiger Geschwindigkeit oder wird von unten gleichförmig mit eben dieser Geschwindigkeit angeströmt – je nach Standort des Beobachters.

Wie Ahornfrüchte zu Boden sinken

Die Sinkgeschwindigkeit ist proportional zur Wurzel aus der Kreisflächenbelastung. Darunter versteht man das Verhältnis des Gewichtes zu der Kreisfläche, die von der Spitze des Drehflügels bei einer Umdrehung umschrieben wird. Der Hauptgrund, warum unterschiedliche Ahornfrüchte unterschiedliche Kreisflächenbelastungen und damit unterschiedliche Sinkgeschwindigkeiten besitzen, besteht darin, daß sie unterschiedlich groß und schwer sind. Ein zweiter Grund ist weniger offensichtlich: Bei manchen Flügelfrüchten läuft die vom Samen zur Flügelspitze gezogene Verbindungslinie keineswegs auf einer nahezu horizontalen Ebene um, sondern dreht sich auf einem Kegelmantel, der bis zu 45 Grad gegen die Horizontale geneigt sein kann. Wenn der Winkel zwischen der Flügellängsachse und der Horizontalen wächst, sinkt die Kreisflächenbelastung, weil die von der Flügelspitze umschriebene Kreisfläche abnimmt. Damit steigt die Sinkgeschwindigkeit.

Bevor ich auf die Aerodynamik von Flugfrüchten mit schräggestellten Flügeln näher eingehe, möchte ich einige Begriffe einführen, die wir bei unseren Betrachtungen immer wieder brauchen werden. Da ist einmal die Rotationsachse: die vertikale Achse, um die die Flügelfrucht rotiert. Ich nehme vereinfachend an, daß sie durch den gemeinsamen Schwerpunkt von Samen und Flügel verläuft, der nahe am Samen liegt. Die Flügellängsachse durch Samen und Flügelspitze habe ich schon eingeführt. Die Abstände zwischen vorderer und hinterer Flügelkante heißen Profilsehnen; sie verlaufen senkrecht zur Flügellängsachse. Der Winkel zwischen der Horizontalen und der Flügellängsachse schließlich trägt den Namen Konizitätswinkel (Bild 3).

Da der Flügel der Ahornfrucht rotiert, strömt auch Luft von der Vorder- zur Hinterkante des Flügels. Die Strömungsgeschwindigkeit erhält dadurch eine Komponente parallel zu den Profilsehnen. Sie hängt im Gegensatz zur vertikalen Komponente vom Abstand zur Drehachse ab. In der Nähe der Drehachse fällt sie nicht ins Gewicht, weil dieser Teil des Flügels bei der Rotation nur mit geringer Bahngeschwindigkeit umläuft. Zur Flügelspitze hin gewinnt sie in dem Maße an Einfluß, wie die Bahngeschwindigkeit mit wachsendem Abstand von der Drehachse größer wird.

Um die auf einen gleitenden Flügel wirkende aerodynamische Auftriebskraft zu berechnen, muß man seine Fläche mit dem Quadrat der Geschwindigkeit, der Dichte der anströmenden Luft und einem weiteren Faktor (dem Auftriebsbeiwert) multiplizieren, der Profilform und Orientierung des Flügels berücksichtigt. Beim Dreh-

Bild 3: Ein auf der fallenden Ahornfrucht mitfliegender Baron von Münchhausen hat den Eindruck, daß von unten Luft auf die ruhende Frucht zuströmt. Der Geschwindigkeitsvektor dieser Luft läßt sich in zwei Komponenten zerlegen: eine vertikale und eine, die zu den Flügelsehnen parallel läuft. Von der vertikalen Komponente trägt nur der Teil zur Luftkraft bei, der senkrecht auf der Flügellängsachse steht.

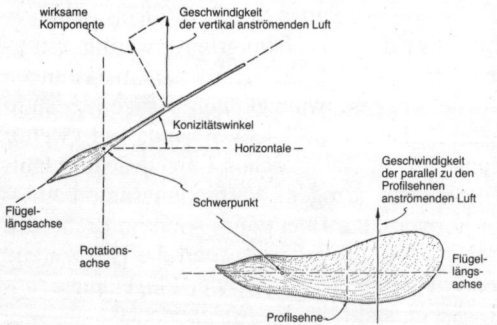

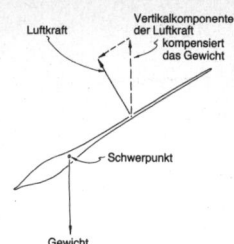

Bild 4: Eine Ahornfrucht gleitet (nach einer kurzen Anfangsphase) unbeschleunigt zu Boden, weil ihr Gewicht von der vertikalen Komponente der Luftkraft kompensiert wird.

flügel läßt sich diese Rechnung leider nicht so einfach durchführen, weil die Strömungsgeschwindigkeit vom Abstand zur Drehachse abhängt. Man zerlegt den Drehflügel deshalb in Gedanken in schmale, zu den Profilsehnen parallele Streifen, berechnet die auf die einzelnen Streifen wirkenden Auftriebskräfte, summiert sie und erhält so schließlich die auf den gesamten Flügel wirkende Auftriebskraft.

Wie strömt nun die Luft auf einen Streifen, der etwa in der Mitte des Drehflügels liegt? Der Vektor der Strömungsgeschwindigkeit zeigt in eine Richtung, die irgendwo zwischen der Vertikalen und der Profilsehne liegt. Wenn die Flügelfrucht schnell sinkt und die Vertikalkomponente überwiegt, weist der Vektor der Strömungsgeschwindigkeit fast senkrecht nach oben. Dagegen ist er stark zur Profilsehne hin geneigt, wenn der Drehflügel rasch rotiert und nur langsam sinkt. In der Tat sind es die winzigen Unterschiede in der Richtung der anströmenden Luft, die das stabile Flugverhalten der sinkenden Flügelfrucht bedingen.

Bei der Ahornfrucht leisten die Kräfte, die an den Streifen nahe der Flügelspitze angreifen, den größten Beitrag zum Auftrieb. Zwei Gründe sind dafür maßgebend: Zum einen nimmt die Länge der Profilsehnen – und damit auch die Größe der Streifenflächen – zur Flügelspitze hin zu, und zum anderen strömt die Luft in größerem Abstand von der Drehachse schneller am Flügel vorbei.

In Bild 4 sind die an der Flügelfrucht angreifenden Kräfte als Vektoren eingezeichnet. Die Resultierende aller auf die einzelnen Streifen wirkenden Luftkräfte steht senkrecht auf der Flügellängsachse und liegt mit ihr in einer vertikalen Ebene. Die vertikale Komponente der Luftkraft kompensiert als Auftrieb gerade das Gewicht der Flügelfrucht. Wenn man eine Ahornfrucht in die Luft wirft, muß sie also ihren Drehflügel irgendwie so ausrichten, daß Gewicht und Auftrieb im Gleichgewicht sind. Es ist eindrucksvoll zu beobachten, wie ihr dieses Manöver immer wieder ganz automatisch gelingt.

Raffinierte Manöver

Damit eine Flügelfrucht beim Fliegen ihre optimale Ausrichtung beibehält, muß sie schnell und richtig auf jeden plötzlichen Windstoß
reagieren. Die meisten Flügelfrüchte sind so konstruiert, daß jede
Veränderung der Flügelstellung sofort Gegenkräfte hervorruft, die
eine Rückkehr zur Ausgangsstellung bewirken. Auf diese Weise
bleiben mindestens drei der für das Flugverhalten entscheidenden
Parameter konstant: der Konizitätswinkel zwischen der Flügellängsachse und der Horizontalen, der Anstellwinkel, also der Winkel zwischen dem Geschwindigkeitsvektor der anströmenden Luft und der
Profilsehne, sowie die Neigung der Kreisfläche, die die Flügelspitze
beim Rotieren umschreibt.

Wie gelingt es der Flügelfrucht beispielsweise, den Anstellwinkel
konstant zu halten? Bild 5 zeigt das Profil des Flügels an einer Stelle,
die etwa auf halbem Weg zwischen Samen und Flügelspitze liegen
soll. Die resultierende Luftkraft läßt sich durch einen einzigen Pfeil
wiedergeben, der am Druckpunkt angreift. Die Lage des Druck-
punktes hängt dabei sowohl vom Flügelprofil als auch vom Anstellwinkel ab. Der Luftkraft wirken die Schwerkraft und die vertikale
Komponente der – von der Drehbewegung verursachten – Zentrifugalkraft entgegen. Beide greifen am Schwerpunkt des Flügelquerschnitts an.

**Bild 5: Das Zusammenspiel von Luft-, Schwer- und Zentrifugalkraft sorgt dafür, daß
der Anstellwinkel einer fallenden Ahornfrucht konstant bleibt. Die Luftkraft, die auf
einen Flügelquerschnitt wirkt, greift am sogenannten Druckpunkt an, die Schwer- und
Zentrifugalkraft dagegen am Schwerpunkt. Beim richtigen Anstellwinkel fallen beide
Punkte zusammen (a), so daß ein Kräftegleichgewicht herrscht und die Fluglage stabil
ist. Bei einem zu großen oder zu kleinen Anstellwinkel liegt der Druckpunkt dagegen
hinter dem Schwerpunkt (b) oder davor (c). Dadurch entsteht ein Drehmoment, das
den Flügel automatisch in die stabile Fluglage zurückbringt.**

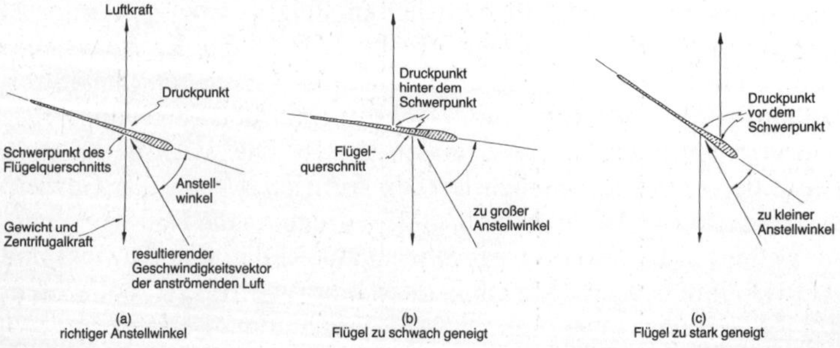

Luftkraft

Druckpunkt

Schwerpunkt des
Flügelquerschnitts

Anstell-
winkel

Gewicht und
Zentrifugalkraft

resultierender
Geschwindigkeitsvektor
der anströmenden Luft

Druckpunkt
hinter dem
Schwerpunkt

Flügel-
querschnitt

zu großer
Anstellwinkel

Druckpunkt
vor dem
Schwerpunkt

zu kleiner
Anstellwinkel

(a)
richtiger Anstellwinkel

(b)
Flügel zu schwach geneigt

(c)
Flügel zu stark geneigt

Die Fluglage ist nur dann stabil, wenn Druckpunkt und Schwerpunkt zusammenfallen. Um das zu erreichen, muß der Flügel einen ganz bestimmten Anstellwinkel beibehalten. Was geschieht nun, wenn ein plötzlicher Windstoß den Flügel verdreht und damit den Anstellwinkel verschiebt? Nehmen wir beispielsweise an, der Flügel wird vorne angehoben und der Anstellwinkel vergrößert. Dann verschiebt sich der Druckpunkt zur hinteren Flügelkante. Da Luftkraft und Zentrifugalkraft nicht mehr an der gleichen Stelle angreifen, entsteht ein Drehmoment, das den Flügel in seine Ausgangslage zurückdreht: Die vordere Flügelkante senkt sich, und der Druckpunkt rückt nach vorn, bis er mit dem Schwerpunkt zusammenfällt und der Anstellwinkel wieder seinen ursprünglichen Wert besitzt. Das Analoge passiert, wenn die Vorderkante des Flügels unvermittelt nach unten gekippt wird. Der Druckpunkt wandert nach vorn, so daß diesmal ein Drehmoment entsteht, das die Spitze des Flügels anhebt, bis die alte Fluglage wieder hergestellt ist.

Aus aerodynamischen Untersuchungen wissen wir, daß ebene, flache Tragflächen nur dann ihren Anstellwinkel automatisch einregeln können, wenn der Abstand des Profil-Schwerpunkts von der Vorderkante des Flügels zwischen 27 und 35 Prozent der Länge der Profilsehnen beträgt. Gleichzeitig muß der Schwerpunkt hinter dem vordersten Punkt liegen, den der Druckpunkt bei einer Änderung des Anstellwinkels einnehmen kann. Genau das ist bei den Ahornfrüchten der Fall, wie man daran erkennt, daß die Zahl der Flügelrippen zur Vorderkante des Flügels hin zunimmt.

Ähnlich wie der Anstellwinkel wird auch der Gleitwinkel während des Flugs konstant gehalten. Man versteht darunter den Winkel zwischen der Horizontalen und der Gleitebene des Flügels. Da die Spitze des Drehflügels beim Abwärtsgleiten eine Schraubenlinie beschreibt, definieren wir den Gleitwinkel in unserem Fall als Winkel, der zwischen der Tangente an der Schraubenlinie und der Horizontalen liegt. Während eines stabilen Gleitflugs muß die Flugbahn unter einem bestimmten Gleitwinkel geneigt sein, weil nur unter dieser Bedingung der Vektor der Luftkraft in einer vertikalen Ebene liegt, die durch die Flügellängsachse geht. Bei einer steileren Flugbahn ist der Vektor zur vorderen Profilkante geneigt, bei einer flacheren zur hinteren. Beidesmal können sich Gewicht und Luftkraft nicht die Waage halten. Soll also die Flügelfrucht mit gleichförmiger Geschwindigkeit zu Boden sinken, so muß sie möglichst schnell den richtigen Gleitwinkel »einstellen«. Wie aber macht sie das?

Ein verblüffender Automatismus

Die Flügelfrucht startet am Baum zu ihrem Flug. Unmittelbar nach dem Start strömt die Luft noch so langsam auf den Drehflügel, daß die Luftkraft das Gewicht nicht kompensieren kann (Bild 6). Also wird die Flügelfrucht nach unten beschleunigt. Dadurch nimmt auch die Geschwindigkeit zu, mit der die Luft auf den Flügel strömt. Der Strömungsvektor steht dabei so steil auf dem Flügel, daß der Anstellwinkel zu groß ist. Wie wir schon gesehen haben, liegt in diesem Fall der Druckpunkt hinter dem Schwerpunkt: Die Flügelvorderkante wird infolgedessen so weit nach unten gedrückt, bis der Anstellwinkel stimmt. Damit hat sich aber noch nicht die stabile Fluglage eingestellt: Durch die Flügeldrehung wurde der Vektor der Luftkraft nämlich zur Vorderkante des Flügels hin gekippt, so daß er nun auch eine horizontale Komponente enthält. Sie zieht den Flügel nach vorn und versetzt ihn damit in eine Rotationsbewegung. Mit

Bild 6: Eine vom Baum fallende Ahornfrucht schafft es, binnen kürzester Frist eine stabile Fluglage einzunehmen. Zunächst stürzt sie, ohne sich zu drehen, beschleunigt nach unten. Da die Luft unter dieser Bedingung praktisch vertikal auf sie zuströmt, ist der Anstellwinkel des Flügels zu groß (a). Als Reaktion darauf senkt sich die Vorderkante des Flügels (siehe Bild 5). Damit kippt zugleich auch der Vektor der Luftkraft nach vorne (b). Die so entstandene Horizontalkomponente der Luftkraft beginnt den

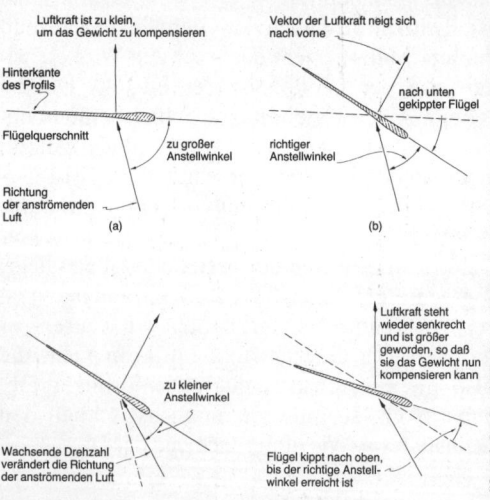

Flügel in eine propellerartige Drehbewegung zu versetzen. Infolge dieser Bewegung wächst die Horizontalkomponente der Luftkraft, und der Geschwindigkeitsvektor der anströmenden Luft ändert seine Richtung (c). Das führt dazu, daß der Anstellwinkel schließlich zu klein wird und der Flügel zum Ausgleich wieder nach oben kippt (d). Damit kehrt auch der Vektor der Luftkraft in die Vertikale zurück. Er besitzt einen größeren Wert als vorher und kann der Schwerkraft die Waage halten, so daß die Frucht von nun an unbeschleunigt zu Boden segelt.

steigender Rotationsfrequenz wächst die Strömungsgeschwindigkeit der Luft längs der Profilsehnen. Da auf diese Weise die Horizontalkomponente der Strömungsgeschwindigkeit der Luft zunimmt, ändert sich der Winkel, unter dem die Luft anströmt: Er wird flacher. Damit verringert sich auch der Anstellwinkel und nimmt einen zu niedrigen Wert an. Zum Ausgleich hebt sich nun die Nase des Flügels wieder. Dadurch wird der Vektor der Luftkraft in die senkrechte Ebene zurückgedreht (wo er hingehört). Nachdem er somit seine Horizontalkomponente verloren hat, steigt die Drehzahl nicht mehr weiter an.

Der Drehflügel erreicht durch dieses Manöver schon kurz nach dem Start eine stabile Fluglage, den erforderlichen Gleitwinkel, den richtigen Anstellwinkel und schließlich auch eine konstante Sinkgeschwindigkeit. Wie wir gesehen haben, sind dafür zwei Faktoren entscheidend: die nach unten gerichtete Beschleunigung, die die Ahornfrucht kurz nach dem Start erfährt, und die Steigerung der Drehzahl, hervorgerufen durch den nach vorn geneigten Vektor der Luftkraft. Daß sich für den Rest des Flugs Luftkraft und Gewicht die Waage halten, versteht sich von selbst.

Stellen Sie sich nun vor, daß die Ahornfrucht nicht vom Baum fällt, sondern daß wir sie mit viel Schwung nach unten werfen. Dann ist die Strömungsgeschwindigkeit möglicherweise zunächst so groß, daß die Luftkraft das Gewicht der Ahornfrucht übersteigt. Doch auch in diesem Fall findet die Flügelfrucht rasch wieder in ihre stabile Fluglage. Zunächst wird sie von der Luftkraft nach oben beschleunigt, das heißt gebremst. Für einen mitfliegenden Beobachter verringert sich dadurch die Vertikalkomponente der Strömungsgeschwindigkeit, so daß sich der resultierende Strömungsvektor stärker zur Profilsehne hin neigt. Infolgedessen nimmt der Anstellwinkel ab. Zum Ausgleich hebt sich die Vorderkante des Flügels. Durch diese Bewegung kippt der Vektor der Flugkraft nach hinten. Seine Horizontalkomponente bremst die Drehung ab und verkleinert die zur Profilsehne parallele Komponente der Strömungsgeschwindigkeit, so daß die Luft den Flügel nun steiler anströmt. Da der Anstellwinkel dadurch zunimmt, sinkt die Flügelvorderkante ab; der Vektor der Luftkraft richtet sich dabei auf, und die Ahornfrucht hat ihre stabile Fluglage erreicht. Die Verminderung der ursprünglichen Sinkgeschwindigkeit und die damit verbundene Abnahme der Drehzahl bringen also in diesem Fall Luft- und Schwerkraft ins Gleichgewicht. Die gleichen Mechanismen, die die Ahornfrucht zu Beginn des Fluges in eine stabile Fluglage »lotsen«, sorgen natürlich auch dafür, daß sie nach einer plötzlichen Störung während des Flugs in ihre stabile Fluglage zurückfindet.

Wie Sie aus Bild 7 ersehen können, regelt sich auch der Konizitätswinkel nach kleinen Störungen wieder automatisch auf seinen Sollwert ein. In der stabilen Lage sind zwei Drehmomente im Gleichgewicht. Das eine wird von der aus der Drehbewegung resultierenden Zentrifugalkraft erzeugt. Sie ist horizontal nach außen gerichtet und möchte die Ahornfrucht um ihren Schwerpunkt in die Horizontale drehen. Diese Absicht vereitelt jedoch ein zweites Drehmoment, das von dem am Schwerpunkt der Ahornfrucht angreifenden Gewicht und der im Druckpunkt (des gesamten Flügels) wirkenden Luftkraft erzeugt wird. Dieses Moment ist bestrebt, den Flügel mit seiner Spitze senkrecht nach oben zu stellen. Bei einem bestimmten Konizitätswinkel heben sich beide Momente auf. Im allgemeinen ist der Flügel in der stabilen Fluglage nur leicht gegen die Horizontale geneigt. Er umschreibt dann mit seiner Flügelspitze eine größere Kreisfläche und erzeugt mehr Auftrieb, so daß die Flügelfrucht langsamer sinkt und sich länger in der Luft hält.

Schließlich ist auch die Flugbahn der Ahornfrucht beim Fall stabil. Die meisten meiner Ahornfrüchte rotieren bei ihrem Gleitflug um eine raumfeste, vertikale Achse (Bild 2). Für einen »mitbewegten« Beobachter läuft die Flügelspitze auf einer horizontalen Kreisbahn um. Wenn ich eine Ahornfrucht anblase, kann die Kreisbahn zwar kurzfristig kippen und die Flügelspitze in einer geneigten Ebene umlaufen, doch nach kurzer Zeit stellt sich die alte, horizontale Fluglage wieder ein.

In meiner Sammlung gibt es aber auch einige Flügelfrüchte, die sich ganz anders verhalten. Auch ohne äußere Störung gleiten sie nicht entlang der vertikalen Drehachse nach unten, sondern folgen einer weit ausholenden Schraubenlinie – einer Bewegung, die Norberg als »Abtrudeln« bezeichnet (Bild 2). Auf diese eigentümliche

Bild 7: Der Konizitätswinkel einer fallenden Ahornfrucht bleibt konstant, weil sich Luft- und Zentrifugalkraft, von denen die erste den Winkel zu vergrößern, die zweite ihn zu verkleinern sucht, die Waage halten.

Flügelfrüchte wirkt offenbar eine aerodynamische Kraft ein, welche die von der Flügelspitze durchlaufene Kreisbahn etwas aus der Horizontalen kippt. Im Gegensatz zu den meisten Flügelfrüchten wird diese Kippung nicht sofort rückgängig gemacht, sondern durch ein seitliches Ausweichen beantwortet, das dazu führt, daß sich der Schwerpunkt auf einer Schraubenlinie abwärts bewegt. Der Drehsinn ist dabei dem Umlaufsinn des Drehflügels gerade entgegengesetzt. Rotiert der Drehflügel von oben gesehen im Uhrzeigersinn, so durchläuft der Schwerpunkt eine Schraubenlinie gegen den Uhrzeigersinn. Ein Umlauf des Schwerpunkts auf der Schraubenlinie dauert in jedem Fall länger als eine Flügeldrehung.

Wenn man eine Ahornfrucht so an der Flügelspitze hält, daß die Längsachse des Flügels senkrecht nach unten zeigt, kann es passieren, daß sie nach dem Loslassen zu Boden fällt, ohne sich zu drehen. Wird der Flügel jedoch schräg gehalten oder eingekerbt, setzt die Drehung nach einer kurzen Fallstrecke ein. Im Verlauf dieser Drehung hat die Flügelfrucht Gelegenheit, wie oben beschrieben, ihren Anstellwinkel richtig einzustellen, eine stabile Fluglage anzunehmen und gleichmäßig rotierend abwärts zu gleiten. Wirft man eine Ahornfrucht mit dem schweren Samen voran in die Luft, so wird sie fast immer im Scheitelpunkt ihrer Bahn zu rotieren beginnen. Es ist nämlich sehr unwahrscheinlich, daß der Flügel zu Beginn der Fallbewegung genau senkrecht nach oben zeigt.

Messung von Massenverteilung und Drehzahl

Der Schwerpunkt einer Flügelfrucht fällt nicht mit dem Mittelpunkt des Flügels zusammen. Die Masse des Samens überwiegt nämlich die des leichten Drehflügels und zieht den Schwerpunkt weit auf ihre Seite. Bei einem guten »Flieger« ist er höchstens dreißig Prozent der vollen Spannweite vom Samen entfernt. Bei Ahornfrüchten sind es in der Regel zwischen zehn und zwanzig Prozent. Außerdem gilt für jede einzelne Profilsehne, daß der Abstand ihres jeweiligen Schwerpunkts zur Profilvorderkante, wie oben erwähnt, zwischen 27 und 35 Prozent der Länge der Profilsehne betragen muß. Im Interesse einer hohen Tragfähigkeit sollte der Drehflügel schließlich leicht und damit dünn gebaut sein und bei der Rotation mit seiner Spitze eine möglichst große, horizontale Kreisfläche umschreiben. Zu diesem Zweck ist es erforderlich, daß er eine große Spannweite besitzt und bei der Drehung nur schwach gegen die Horizontale geneigt ist. Da die äußeren Teile des Drehflügels in der Nähe der Flügelspitze am stärksten von Luft umströmt werden und daher am meisten zur aerodynamischen Luftkraft beitragen, müssen die Profilsehnen dort besonders lang sein.

Ein aufmerksamer Beobachter mag einwenden, daß diese letzte Forderung bei Ahornfrüchten nicht ganz erfüllt ist, da sich die Drehflügel unmittelbar an der Flügelspitze wieder verjüngen und an der Hinterkante ausgefranst sind. Bei einer solchen Konstruktion wird jedoch die Einbuße an Auftrieb durch die Verminderung des »Randwiderstands« der Tragfläche bei weitem ausgeglichen. Der Randwiderstand entsteht dadurch, daß sich an der hinteren Profilkante und besonders an der Flügelspitze Luftwirbel bilden, die dem Flügel Energie entziehen. Das Ausmaß dieser Wirbelbildung ist geringer, wenn sich die Tragfläche zur Spitze hin verjüngt und hinten ausgefranst ist.

Meine Ahornsamen haben in der Regel Spannweiten von mehreren Zentimetern und Profilsehnen, die bis zu einem Zentimeter lang sind. Einige fliegen entlang einer Schraubenlinie, doch die meisten sinken geradlinig zu Boden. Ich kann meinen Früchten nicht ansehen, welche der beiden Flugbahnen sie nehmen werden. Es müssen ganz feine Unterschiede in der Form sein, die das unterschiedliche Flugverhalten bedingen. Um zu sehen, inwieweit Ahornfrüchte den Forderungen der Aerodynamik genügen, habe ich die Massenverteilung eines typischen Exemplars bestimmt. Bild 8 zeigt das Ergebnis. Um die Lage des Schwerpunkts zu ermitteln, schob ich die Flügelfrucht zunächst so lange auf einer Schneide hin und her, bis sie sich im Gleichgewicht befand, und markierte die Lage der Schneide auf dem Flügel mit einem Filzstift. Anschließend wiederholte ich das Ganze in einer anderen Orientierung. Der Schnittpunkt der beiden Geraden war dann der Schwerpunkt.

Um die Massenverteilung noch genauer zu ermitteln, legte ich die Flügelfrucht auf ein Blatt Millimeterpapier und zeichnete ihren Um-

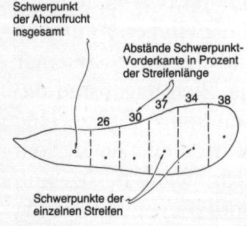

Schwerpunkt
der Ahornfrucht
insgesamt

Abstände Schwerpunkt-
Vorderkante in Prozent
der Streifenlänge

26   30 37 34 38

Schwerpunkte der
einzelnen Streifen

Bild 8: Die experimentell bestimmte Massenverteilung einer in Streifen geschnittenen Ahornfrucht stimmt gut mit derjenigen überein, die von der Aerodynamik für einen flachen Flügel gefordert wird.

riß nach. Danach schnitt ich den Flügel mit einer Rasierklinge parallel zu den Profilsehnen in kleine Streifen. Den ungefähren Schwerpunkt eines jeden Streifens bestimmte ich, indem ich den Schnipsel senkrecht zur Profilsehne auf eine scharfe Schneide legte. Die Lage der Schwerpunkte übertrug ich auf das Millimeterpapier. So konnte ich für jeden Streifen ausrechnen, wie groß der Abstand Schwerpunkt–Vorderkante in Prozent der Länge der Profilsehne war. Ganz genau ist eine solche Messung nicht, weil der Flügelumriß geschwungen ist, und ich für jeden Streifen eine »mittlere« Sehnenlänge bestimmen mußte. Bei dem von mir untersuchten Flügel lagen die Werte zwischen 26 und 38 Prozent, also recht nahe bei denen, die die Aerodynamik für flache Flügel fordert.

Schließlich machte ich mich noch daran, die Rotationsgeschwindigkeit der Ahornfrüchte in ihrer stabilen Fluglage zu messen. Dazu beleuchtete ich die zu Boden gleitende Frucht in einem abgedunkelten Raum mit einem Blitzlichtstroboskop und veränderte die Blitzfrequenz so lange, bis jeder Blitz den Flügel in derselben Phase seiner Drehbewegung traf, so daß die Bewegung »eingefroren« schien. Bei solchen Messungen muß man sich darüber im klaren sein, daß auch dann ein stehendes Bild der Drehbewegung zustande kommt, wenn die Blitzfrequenz ein ganzzahliger Bruchteil der Rotationsfrequenz ist. Beträgt sie beispielsweise nur die Hälfte oder ein Drittel, so wird der Drehflügel eben nur bei jeder zweiten oder dritten Umdrehung beleuchtet. Um jeden Irrtum auszuschalten, begann ich mit einer sehr niedrigen Blitzfrequenz und erhöhte sie ganz langsam. Die höchste Frequenz, bei der der Flügel reglos erschien, war dann die gesuchte Rotationsfrequenz. Die meisten Ahornfrüchte machten zehn bis zwölf Umdrehungen in der Sekunde.

Mit dem Stroboskop lassen sich auch hübsche Aufnahmen der gleitenden Flügelfrucht herstellen. Es genügt, in einem abgedunkelten Raum den Photoapparat auf Dauerbelichtung zu stellen und die Flügelfrucht mit einer beliebigen Blitzfolge zu beleuchten. Zwei so erhaltene Aufnahmen sind in Bild 1 zu sehen.

Ich habe hier nur den Gleitflug der Ahornfrüchte behandelt. Sollten Sie auch am Flugverhalten anderer Flügelfrüchte interessiert sein, werden Sie in der im Literaturverzeichnis angegebenen Arbeit von McCutchen nähere Einzelheiten finden. Besonders lohnende Objekte sind die Früchte des Tulpenbaums und der Esche. Als Stadtmensch kann man sich aber auch mit Pappmodellen behelfen und an ihnen durch beliebige Abwandlungen den Einfluß der verschiedenen Parameter auf das Flugverhalten studieren.

Literaturverzeichnis

Was Kreisel aufrecht hält

Magnus, K.: Der Kreisel. Verlag Industrie-Druck GmbH, Göttingen, [3]1965.

Gould, D. W.: The Top: Universal Toy, Enduring Pastime. Clarkson N. Potter, Inc., 1973.

Stefanini, L.: Behavior of a Real Top, in: American Journal of Physics, Band 47, Heft 4, Seiten 346–350, April 1979.

Wackelsteine

Crabtree, H.: An Elementary Treatment of the Theory of Spinning Tops and Gyroscopic Motion. Longmans, Green and Co., 1909.

Gray, A.: A Treatise on Gyrostatics and Rotational Motion: Theory and Application. Dover Publications, Inc., 1959.

Cohen, R. J.: The Tippe Top Revisited, in: American Journal of Physics, Band 45, Heft 1, Seiten 12–17, Januar 1977.

Seltsame Kreisel

Magnus, K.: Kreisel. Theorie und Anwendungen. Springer-Vlg., Heidelberg, 1971.

Olsson, M. G.: Coin Spinning on a Table, in: American Journal of Physics, Band 40, Seiten 1543–1545, Oktober 1972.

Bumerangs zum Selbermachen

Smith, H. A.: Boomerangs: Making and Throwing Them. Gemstar Publications, Arun Sports, Littlehampton, Sussex, 1975.

Ruhe, B.: Many Happy Returns: The Art and Sport of Boomeranging. The Viking Press, 1977.

Flugtests mit Bumerangs

Shapiro, A. H.: Shape and Flow: The Fluid Dynamics of Drag. Anchor Books, Doubleday and Company, 1961.

Hess, F.: Boomerangs, Aerodynamics and Motion. Dissertation von 1975. Vom Autor unter folgender Anschrift erhältlich: c/o Dr. H. Rollema, Eikenlaan 51, Peize, Holland.

Ballett

Laws, K. L.: An Analysis of Turns in Dance, in: Dance Research Journal, Heft 11/12, Seite 16, 1978/1979.

Laws, K.: Physics and Ballet: A New Pas de Deux, in: New Directions in Dance. Herausgegeben von Diana Theodores Taplin. Pergamon Press, 1979.

Cosi, L.: Der Traum vom Ballett: Eine Einführung in die Welt des klassischen Tanzes. Müller-Verlag, Rüschlikon, 1980.

Judo und Aikido
Birod, M.: Judokurs. rororo-Sachbuch 7033, Reinbek, 1979.
Wischnewski, G.: Aikido. Wiesbaden, 1968.
Harrison, E. J.: Judo on the Ground. W. Foulsham & Co., Ltd., 1954.
Westbrook, A.; Ratti, O.: Aikido and the Dynamik Sphere: An Illustrated
    Introduction. Charles E. Tuttle Company, 1970.

Ein Ball mit Drall
Garwin, R. L.: Kinematics of an Ultraelastic Rough Ball, in: American Journal
    of Physics, Band 37, Seiten 88–92, 1969.
Griffing, D. F.: The Dynamics of Sports. Mohican Publishing Company,
    Loudonville, Ohio, 1982.

Gekonnte Stöße beim Billard
Sommerfeld, A.: Vorlesungen über theoretische Physik, Band I (Mechanik).
    Harri Deutsch Verlag, Frankfurt, [8]1977.
Krauss-Weysser, F.: Billard lernen und spielen. Humboldt-Taschenbuchverlag,
    München, und Ferenczy-Verlag, Zürich, 1982.
Byrne, R.: Byrne's Treasury of Trick Shots in Pool and Billards. Harcourt Brace
    Jovanovich Publishers, 1982.
Griffing, D. F.: The Dynamics of Sports: Why That's the Way the Ball Bounces.
    Mohican Publishing Company, 1982.

Alle Zehne beim Bowling
Hopkins, D. C.; Patterson, J. D.: Bowling Frames: Paths of a Bowling Ball, in:
    American Journal of Physics, Band 45, Heft 3, Seiten 263–266, März 1977.

Achterbahn und Kirmeskarussells
Munch, R.; Harry G. Trayer: Legends of Terror. Amusement Park Books, Inc.,
    Mentor, Ohio, 1982.
Alonso, M.; Finn, E. J.: Physik. Intereuropean Edition, Amsterdam, 1977,
    Seiten 58–131.

Die seltsamen Flugfrüchte des Ahorn
Norberg, R. A.: Autorotation, Self-Stability, and Structure of Single-winged
    Fruits and Seeds (Samaras) with Comparative Remarks on Animal Flight, in:
    Biological Reviews of the Cambridge Philosophical Society, Band 48, Heft 4,
    Seiten 561–596, November 1973.
McCutchen, C. W.: The Spinning Rotation of Ash and Tulip Tree Samaras, in:
    Science, Band 197, Heft 4304, Seiten 691–692, 12. August 1977 .

Bildnachweise

Was Kreisel aufrecht hält
Bilder 1 bis 7: Michael Goodman

Wackelsteine
Bild 1: James Young
Bilder 2 bis 5: Michael Goodman

Seltsame Kreisel
Bild 1: L. A. Whitehead
Bilder 2 und 6: Michael Goodman

Bumerangs zum Selbermachen
Bilder 1 bis 9: Michael Goodman

Flugtests mit Bumerangs
Bilder 1 bis 6: Michael Goodman

Ballett
Bilder 1 bis 12: Michael Goodman

Judo und Aikido
Bilder 1 bis 9: Michael Goodman

Ein Ball mit Drall
Bilder 1 bis 4: Alan D. Iselin

Gekonnte Stöße beim Billard
Bilder 1 bis 8: Michael Goodman

Alle Zehne beim Bowling
Bilder 1 bis 7: Michael Goodman

Achterbahnen und Kirmeskarussells
Bilder 1 bis 10: Albert E. Miller

Die seltsamen Flugfrüchte des Ahorn
Bild 1: R. F. Bonifield
Bilder 2 bis 7: Michael Goodman